数据库应用技术
（项目教学版）

主　编　田　丹　梁　爽
副主编　杨　玥　杨　柯　刘中菊　郭　鲁　王　婷

北京理工大学出版社
BEIJING INSTITUTE OF TECHNOLOGY PRESS

内 容 简 介

本书是计算机类相关专业的项目驱动型教材，以面向项目、面向工作过程的顺序安排内容，编者通过多年的项目教学实践，建立了"项目导向、任务驱动、工作过程为线索"的项目教学模式，将数据库知识点与教学行为、学习行为与以培养学生职业能力为中心的任务紧密联系起来。

SQL Server 是一种典型的关系型数据库管理系统，是目前很受用户欢迎的数据库应用系统开发平台。全书共分 8 个子项目，以某系统数据库设计的过程为主线，从需求分析、数据库设计，到表设计、数据操作，再到数据库优化设计及整个系统的实现，从易到难、从局部到整体逐步展开。本书可作为本科院校"数据库原理及应用"课程的教材，也可以作为高职高专院校"数据库应用技术"课程的教材。另外，对于计算机应用人员和计算机爱好者，本书也是一本实用的自学参考书。

图书在版编目（CIP）数据

数据库应用技术：项目教学版/田丹，梁爽主编. — 北京：北京理工大学出版社，2021.4
ISBN 978 – 7 – 5682 – 9652 – 6

Ⅰ. ①数… Ⅱ. ①田… ②梁… Ⅲ. ①数据库系统 – 高等职业教育 – 教材 Ⅳ. ①TP311. 132. 3

中国版本图书馆 CIP 数据核字（2021）第 051400 号

出版发行 / 北京理工大学出版社有限责任公司
社　　址 / 北京市海淀区中关村南大街 5 号
邮　　编 / 100081
电　　话 / (010)68914775（总编室）
　　　　　 (010)82562903（教材售后服务热线）
　　　　　 (010)68948351（其他图书服务热线）
网　　址 / http://www. bitpress. com. cn
经　　销 / 全国各地新华书店
印　　刷 / 三河市天利华印刷装订有限公司
开　　本 / 787 毫米 × 1092 毫米　1/16
印　　张 / 14
字　　数 / 324 千字
版　　次 / 2021 年 4 月第 1 版　2021 年 4 月第 1 次印刷
定　　价 / 58.50 元

责任编辑 / 封　雪
文案编辑 / 毛慧佳
责任校对 / 刘亚男
责任印制 / 李志强

前　言

　　数据库课程是理论和实践高度融合的课程，需要在授课过程中强化学生的动手能力，加强实践操作训练，提升课程的教学效果，因此经过多年的教学改革、考试改革，结合校企合作项目的研究和探索，对于数据库课程的教学模式进行了改革，取得了一定的经验，并在实践教学、合作项目及学生竞赛中取得了较好的效果。

　　本门课程以项目为引导，面向工作过程和学生职业能力递进进行课程内容的设计，以企业真实项目或再现项目为依托，针对数据库应用开发的企业工作过程，与课程教学团队教师、企业专家共同构建课程内容体系，围绕数据库应用开发领域内各岗位需要的知识、能力、素质，搭建项目工作情景，细化出相应的子项目单元，保障了项目任务实施与实际工作过程一致。学生在完成项目工作任务的过程中构建相关技术知识、发展职业能力；在知识、能力形成的过程中充分感知、体验、获取过程性知识和经验。

　　本书依据数据库课程的要求，参考微软数据库认证课程（70－431）的内容进行编写，采用了"项目导入、任务引领、工作过程导向"的编写方式。本书以图书借阅系统数据库设计为项目场景，围绕其需求分析、设计、实施的过程设计了 8 个子项目，包括环境部署、数据库创建、表的创建、数据的完整性、数据的查询、安全性及安全管理、系统实施等内容，将需要掌握的理论知识融入项目分析与实施过程中，让读者在学习项目分析、设计与实施的过程中学习和应用数据库的理论知识，同时，提升数据库设计能力。

　　本书可以作为本科院校计算机类相关专业、电信类相关专业数据库课程的教材，也可以作为高职高专院校计算机类相关专业数据库课程的教材，更可以作为学习和掌握项目化数据库内容的参考书。讲授本课程时，建议在有局域网设置的实验室或者有计算机并配置相关软件的实验室上课，授课学时建议为 52～72 学时，为了达到更好的授课效果，可搭配数据库实训或课程设计。

　　全书由田丹、梁爽任主编，杨玥、杨柯、刘申菊、郭鲁、王婷任副主编。具体编写分工如下：全书的统筹规划及绪论由田丹和梁爽共同负责；子项目 1 由田丹和杨玥共同编写；子项目 2 由梁爽编写；子项目 3 由刘申菊编写；子项目 4 由郭鲁编写；子项目 5 由杨柯编写；子项目 6 和子项目 7 由田丹和王婷共同编写；子项目 8 由杨玥编写。

　　本书在编写过程中得到了参编单位有关部门同志和领导的支持，也有许多学生参与其中，在此一并表示感谢。

　　由于编者水平有限，加之时间较紧，书中难免存在问题和疏漏，望读者指正。

编　者

CONTENTS 目录

绪论 项目概述 ·· (1)

1. 项目开发背景 ·· (1)

2. 现有图书借阅管理模式 ··· (1)

3. 新的解决方案 ·· (2)

4. 项目拓展 ··· (3)

子项目 1 环境部署 ·· (5)

任务 1.1 选择合适的数据库管理系统 ·· (6)

  1.1.1 认识关系数据库 ·· (6)

  1.1.2 选择数据库管理系统 ··· (10)

任务 1.2 SQL Server 2012 安装准备 ·· (13)

  1.2.1 了解 SQL Server 2012 的版本 ··· (14)

  1.2.2 确认 SQL Server 2012 的软、硬件要求 ·································· (15)

  1.2.3 确定安装实例 ··· (16)

任务 1.3 安装 SQL Server 2012 ·· (17)

  1.3.1 安装前导组件 ··· (17)

  1.3.2 安装 SQL Server 2012 ·· (17)

任务 1.4 认识 SQL Server 2012 的主要工具 ·· (32)

  1.4.1 SQL Server 2012 管理平台 ··· (32)

  1.4.2 SQL Server 事件探查器 ·· (35)

  1.4.3 数据库引擎优化顾问 ·· (35)

  1.4.4 SQL Server 文档和教程 ·· (35)

  1.4.5 Notification Services 命令提示 ··· (35)

  1.4.6 Reporting Services 配置 ··· (35)

  1.4.7 SQL Server 配置管理器 ·· (36)

  1.4.8 SQL Server 错误和使用情况报告 ··· (37)

任务 1.5 认识 SQL Server 2012 系统数据库 ·· (37)

  1.5.1 Master 数据库 ·· (37)

  1.5.2 Model 数据库 ··· (38)

  1.5.3 Msdb 数据库 ·· (38)

1.5.4　Tempdb 数据库 ·· (38)

    1.5.5　Mssqlsystemsource（资源）数据库 ···················· (38)

子项目2　创建借阅系统数据库 ··· (39)

  任务 2.1　确定项目数据库的构成 ··································· (40)

    2.1.1　数据库的逻辑存储结构 ···································· (40)

    2.1.2　数据库的物理存储结构 ···································· (40)

  任务 2.2　创建借阅系统数据库 ····································· (43)

  任务 2.3　创建分布式借阅系统项目数据库 ···················· (45)

    2.3.1　使用 T－SQL 语句创建借阅系统数据库 ·············· (46)

    2.3.2　使用 T－SQL 语句修改借阅系统数据库 ·············· (48)

  任务 2.4　数据库的简单管理 ·· (51)

    2.4.1　使用图形化工具管理数据库 ······························ (51)

    2.4.2　使用 T－SQL 语句管理数据库 ··························· (54)

  任务 2.5　数据库的规划 ·· (55)

子项目3　创建借阅系统数据表和组织表数据 ···················· (57)

  任务 3.1　概念结构设计 ·· (58)

    3.1.1　找出实体及其属性 ··· (58)

    3.1.2　找出实体间的联系 ··· (61)

  任务 3.2　逻辑结构设计 ·· (64)

    3.2.1　将 E－R 图转换为关系模型 ······························ (64)

    3.2.2　优化关系模型 ·· (65)

  任务 3.3　物理结构设计 ·· (66)

    3.3.1　数据表的设计 ·· (66)

    3.3.2　使用图形工具创建数据表 ·································· (70)

    3.3.3　使用 T－SQL 语句创建数据表 ··························· (71)

    3.3.4　使用 T－SQL 语句修改数据表 ··························· (75)

  任务 3.4　数据录入及维护 ··· (77)

    3.4.1　使用图形管理工具操作数据 ······························ (78)

    3.4.2　使用 T－SQL 语句操作数据 ······························ (79)

  任务 3.5　SQL Server 中的数据类型及其用法 ················· (83)

    3.5.1　系统数据类型 ·· (83)

    3.5.2　自定义数据类型 ··· (88)

    3.5.3　选择数据类型的指导原则 ·································· (91)

子项目4　查询借阅系统数据 ··· (93)

  任务 4.1　使用简单查询检索数据 ·································· (94)

    4.1.1　如何使用 SELECT 语句 ··································· (94)

    4.1.2　借阅系统的简单查询 ······································· (100)

  任务 4.2　使用分组和汇总检索数据 ······························ (101)

    4.2.1　如何使用数据的分组与汇总 ······························ (101)

    4.2.2　借阅系统的高级查询 ······································· (104)

任务 4.3　使用连接查询检索数据 ……………………………………………… (105)

　　4.3.1　连接查询 …………………………………………………………… (106)

　　4.3.2　借阅系统的连接查询 ……………………………………………… (110)

任务 4.4　使用子查询检索数据 ………………………………………………… (111)

　　4.4.1　子查询 ……………………………………………………………… (111)

　　4.4.2　借阅系统的子查询 ………………………………………………… (113)

任务 4.5　使用视图检索数据 …………………………………………………… (114)

　　4.5.1　认识和创建视图 …………………………………………………… (114)

　　4.5.2　在借阅系统中使用视图 …………………………………………… (119)

　　4.5.3　视图的管理 ………………………………………………………… (121)

子项目 5　实施借阅系统数据完整性 …………………………………………… (125)

任务 5.1　选择合适的约束应用到借阅系统 …………………………………… (126)

　　5.1.1　数据完整性分类 …………………………………………………… (126)

　　5.1.2　约束的定义 ………………………………………………………… (127)

　　5.1.3　default 约束 ………………………………………………………… (129)

　　5.1.4　check 约束 ………………………………………………………… (131)

　　5.1.5　primary key 约束 …………………………………………………… (133)

　　5.1.6　unique 约束 ………………………………………………………… (135)

　　5.1.7　foreign key 约束 …………………………………………………… (136)

　　5.1.8　级联引用完整性 …………………………………………………… (139)

　　5.1.9　默认值和规则 ……………………………………………………… (140)

　　5.1.10　决定使用何种方法 ………………………………………………… (142)

任务 5.2　创建借阅系统约束 …………………………………………………… (142)

　　5.2.1　使用图形工具实现借阅系统项目约束 …………………………… (143)

　　5.2.2　使用 T-SQL 语句实现借阅系统约束 …………………………… (149)

任务 5.3　使用触发器实现借阅系统完整性 …………………………………… (151)

　　5.3.1　触发器概述 ………………………………………………………… (152)

　　5.3.2　触发器的实现 ……………………………………………………… (153)

　　5.3.3　触发器的维护 ……………………………………………………… (157)

任务 5.4　借阅系统中使用触发器 ……………………………………………… (158)

子项目 6　使用存储过程维护借阅系统数据 …………………………………… (162)

任务 6.1　选择合适的存储过程类型应用到借阅系统 ………………………… (163)

　　6.1.1　存储过程含义 ……………………………………………………… (163)

　　6.1.2　存储过程的分类 …………………………………………………… (163)

　　6.1.3　选择存储过程的类型 ……………………………………………… (164)

　　6.1.4　存储过程创建 ……………………………………………………… (164)

任务 6.2　创建借阅系统无参数存储过程 ……………………………………… (166)

　　6.2.1　使用图形工具实现存储过程 P1 …………………………………… (166)

　　6.2.2　使用 T-SQL 语句实现存储过程 P2 ……………………………… (168)

任务 6.3　创建借阅系统带参数存储过程 ……………………………………………… （169）
　　6.3.1　参数的分类 ………………………………………………………………… （170）
　　6.3.2　使用图形工具创建带有输入参数的存储过程 …………………………… （170）
　　6.3.3　使用语句创建带有输入参数的存储过程 ………………………………… （171）
　　6.3.4　使用语句创建带有输出参数的存储过程 ………………………………… （173）

子项目 7　配置借阅系统的安全管理 ……………………………………………… （176）
任务 7.1　配置服务器安全对象 ……………………………………………………… （177）
　　7.1.1　身份验证模式 ……………………………………………………………… （177）
　　7.1.2　SQL Server 登录名 ……………………………………………………… （178）
　　7.1.3　决定使用登录名 …………………………………………………………… （178）
　　7.1.4　使用管理平台创建学生登录名 …………………………………………… （179）
　　7.1.5　使用 T－SQL 语句创建教师登录名 …………………………………… （180）
　　7.1.6　使用语句管理教师登录名 ………………………………………………… （182）
　　7.1.7　使用语句创建管理员登录名 ……………………………………………… （184）
任务 7.2　配置数据库安全对象 ……………………………………………………… （184）
　　7.2.1　使用 T－SQL 语句创建数据库用户 …………………………………… （185）
　　7.2.2　使用 T－SQL 语句修改用户 …………………………………………… （186）
　　7.2.3　使用 T－SQL 语句创建架构 …………………………………………… （187）
任务 7.3　配置借阅系统的数据库角色 ……………………………………………… （189）
　　7.3.1　数据库角色的种类 ………………………………………………………… （189）
　　7.3.2　决定建立哪些角色 ………………………………………………………… （190）
　　7.3.3　使用 T－SQL 语句创建数据库角色 …………………………………… （190）
　　7.3.4　权限分配 …………………………………………………………………… （191）

子项目 8　借阅系统的应用程序开发 ……………………………………………… （195）
任务 8.1　借阅系统界面设计 ………………………………………………………… （196）
　　8.1.1　界面设计标准 ……………………………………………………………… （196）
　　8.1.2　部分主要功能界面设计 …………………………………………………… （197）
任务 8.2　数据访问方法 ……………………………………………………………… （203）
　　8.2.1　ADO. NET 对象模型 …………………………………………………… （203）
　　8.2.2　使用命名空间 ……………………………………………………………… （203）
　　8.2.3　连接数据库 ………………………………………………………………… （204）
　　8.2.4　连接环境下对借阅系统数据库的操作 …………………………………… （206）
　　8.2.5　非连接环境下对借阅系统数据库的操作 ………………………………… （208）

参考文献 ………………………………………………………………………………… （211）

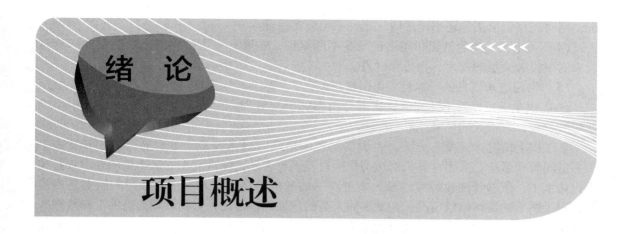

绪 论

项目概述

1. 项目开发背景

在科技高速发展的现代社会，随着办公自动化概念的引入和实施，人们的工作习惯也在电脑大量普及的情况下逐渐改变，对于一向复杂烦琐的图书借阅情况的管理，我们就需要考虑如何操作以提高图书管理效率，提升图书利用率，减少图书查阅时间，尽可能地方便借阅者和图书管理人员的问题。尤其对于一个学校图书馆的图书借阅管理，更应该运用一些本地资源，提高管理的力度，对学生负责，对国家负责。

T 大学作为一所综合性大学，拥有全省高校中建筑面积最大的图书馆，该图书馆可以满足在校学生和教师的借阅需求，但是这个操作管理一直处于半人工半机器的状态，学生来借阅时需先查阅书卡，然后把书卡编号给管理借阅的老师完成借阅工作的录入和基本操作，这样的过程中经常出现书卡分类不明确，学生找不到书的情况，也经常出现图书借阅记录不完善导致图书找不到的情况，这样负责图书馆借阅工作的周老师每天都很忙，而且同学们也非常不方便。T 大学校长找到了计算机专业的赵老师，让他帮忙开发一个图书借阅管理系统。

2. 现有图书借阅管理模式

T 大学现在仍然靠半手工半机器的状态进行图书馆中图书信息的修改、查询、录入等，工作效率低。显然，靠这种操作方式进行管理已不能适应时代的发展、学校的需求。今天这种传统的管理方法必然会被以计算机为基础的信息管理系统所代替，同时这种传统的管理方式反映出很多问题：

（1）每学期都有学生会去借阅不同种类的图书，借阅的本数不同，借阅的时间不同，续借的次数不同，每年也都有出现图书损坏、被借出图书丢失的情况，还会有新图书购买、上架的情况，同时本学期学校还购入了电子图书的版权供教师和学生查阅和下载，这样多信息的管理都需要时间准确度和记录准确度，是较为复杂的记录操作。

（2）当要查询某本书的被借阅情况时，统计不够详细，极不方便。

（3）学生和教师都可以借阅，但是借阅期限、借阅图书的数量是不同的，这样在登记的时候需要分开进行记录，每次借/还书的时候都需要花费大量时间来查找借阅者的借书情况，同时在登记借阅和还书记录时，正确率也较难保证。

（4）一年又一年的借阅和还书记录在不断累加，需要有一定的空间来存储，这样管理起来需要投入大量的人力、物力和财力。

（5）借阅记录信息的可靠性、保密性很低。

（6）现在学校虽已用计算机进行部分图书的上架管理，但管理工作并不完善，未形成系统的管理，有很大的局限性。

基于以上情况，开发一个适合 T 大学的图书借阅管理系统是十分有必要的。开发一个图书借阅管理系统，采用计算机对图书借阅过程进行管理，能进一步提高学校的办学效益和现代化水平；图书管理教师可以录入新进图书的基本信息，记录学生和教师的借书还书情况，记录图书的损坏赔偿情况，记录不同人员的超期罚款情况，提高管理人员的工作效率和准确性；学生和教师可以方便快捷地查找到图书的信息和条码，也可以进行自助借书和还书，提高借书还书的效率，实现图书借阅工作流程的系统化、规范化和自动化；同时，能够随时对图书信息、借阅信息、还书信息等进行各种查询，以及很好地对系统进行维护。

3. 新的解决方案

1）主要措施

T 大学图书借阅管理系统的设计目的是为学校提供一个方便有效的管理平台，提高管理效率，降低管理风险。根据对 T 大学图书馆图书借阅数据的分析，确定在该图书借阅管理系统（以后简称借阅系统）中至少要解决以下几项关键问题：

（1）管理员能够实现对整个图书信息的录入、修改、删除、查询等操作，对借阅者用户的添加、删除、修改等操作。

（2）图书馆管理教师能够在一定的权限内对所有级别人员的借阅信息进行查询，可以对自己的登录密码进行修改。

（3）教师和学生可以查询馆藏图书情况、查询自己的图书借阅及还书情况，进行图书自助借阅。

通过对上述问题的分析，确定 T 大学的借阅管理系统功能模块，如图 0.1 所示。

图书借阅管理系统的功能描述如下：

（1）系统管理：对用户管理和系统进行初始化设置。

（2）借阅管理：提供教师和学生借阅图书信息的录入、修改、查询、打印等基本管理功能，以及图书借阅情况的相关统计功能。

（3）图书管理：提供对所有已上架图书、新进图书基本信息的管理功能，主要是图书信息的录入、修改、删除和浏览/查询等基本功能。

（4）用户管理：实现了用户的分类管理，同时可以完成不同种类用户信息的录入、修改、删除和查询操作。

（5）基础数据管理：提供对学校基本数据和图书分类相关基础数据的管理功能，包括专业设置、班级设置、图书类型设置、学校部门设置和教师岗位设置等。

（6）数据库管理：对现有的数据进行管理，包括数据备份和恢复，以方便用户对数据库进行管理和维护，提高系统的数据安全性。

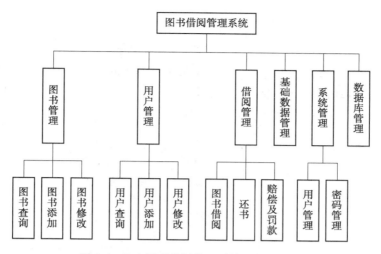

图 0.1　T 大图书借阅管理系统功能模块图

基于解决方案的提出，图书借阅系统实施计划如表 0.1 所示。

表 0.1　图书借阅系统实施计划

序号	名　　称	工 作 目 标	涉及主要知识
1	环境部署	认识数据库管理系统，实现工作环境的搭建	DBMS 相关内容，基本环境的选择配置
2	创建借阅系统数据库	根据工作环境创建数据库	数据库文件结构及创建方法
3	创建借阅系统数据表	规范图书和用户数据，创建相关数据表	数据类型、数据表
4	查询借阅系统数据	按照不同查询要求写出相应的 SQL 语句、视图	SQL 的查询语句、视图
5	实现借阅系统数据完整性	建立各种约束和触发器确保数据准确完整	约束、触发器
6	使用存储过程维护借阅系统数据	将通用功能模块化	SQL 语句、存储过程
7	借阅系统的安全管理	通过增加安全配置，对该项目进行角色划分	管理安全性
8	借阅系统的数据安全性	保证现有数据的可用性	数据的备份和还原
9	开发借阅系统的应用程序	对图书借阅的管理提供操作方便的可视化界面	面向对象语言 + ADO. NET + DB

4. 项目拓展

图书在线销售系统的分析及功能设计，说明图书在线销售系统的基本需求，并根据需求分析完成系统的功能模块图设计。主要包括：

（1）系统需求分析；

（2）用户行为分析；

（3）系统功能设计。

对网络购买图书的流程作出分析，说明完成图书销售网站的基本需求，并根据实际情况完成图书销售系统的功能模块图设计。

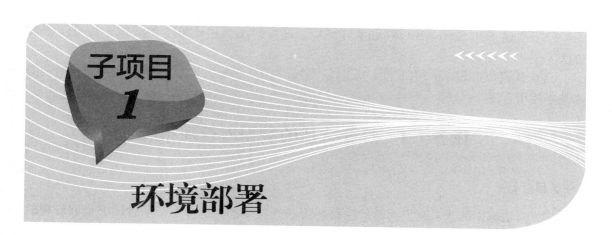

子项目 1

环境部署

【子项目背景】

T大学的图书馆管理人员大多是从事管理工作多年的非常熟悉手动管理方式的管理者，虽然他们知道使用数据库管理能提高管理的效率，但对于什么是数据库、有哪些数据库、如何部署和使用这些数据库却一无所知。

为了能让T大学的系统使用者更快地接受数据库的管理，更好地配合该项目的开发，必须让管理者逐步加深对数据库的认识和理解，以给项目的开发创造更好的环境，首先，必须要尽快将开发环境搭建起来。

【任务分析】

为了更好地解决"子项目背景"中提出的问题，较好地完成任务，对该项目的环境部署任务进行了大量的分析，最终得出了下列解决任务的关键点，任务分解如表1.1所示。

表 1.1 环境部署任务分解

序号	名 称	任 务 内 容	方 法	目 标
1	选择合适的数据库管理系统	了解数据库的基础知识、流行的数据库产品，并从中选择一个满足要求的产品	讲解	选择一个先进、易用、实用、好管理、功能强大的数据库管理系统
2	做好安装SQL Server准备	了解SQL Server 2012的软、硬件要求，并做好准备	举例说明	为SQL Server 2012的安装准备好软、硬件环境
3	安装SQL Server 2012	了解SQL Server 2012的安装步骤和方法	虚拟机中演示	安装SQL Server 2012企业版
4	认识SQL Server 2012的主要工具	了解SQL Server 2012的结构和主要工具	边讲边练	为图书借阅项目部署开发环境

环境部署任务分解描述如下：

（1）选择合适的数据库管理系统：根据借阅系统功能需求，结合各个流行的数据库产品的特点和性能，选择SQL Server 2012作为该系统数据库设计平台。

（2）做好安装SQL Server准备：结合SQL Server 2012的软、硬件要求，准备好相应的环境，做好安装准备。

（3）安装 SQL Server 2012：准备好环境，进行 SQL Server 2012 的安装，注重步骤和方法。

（4）认识 SQL Server 2012 的主要工具：了解 SQL Server 2012 的结构及主要工具的功能和基本使用方法。

任务 1.1　选择合适的数据库管理系统

【任务目标】

根据对数据库的认识及 T 大学的网络环境和开发需求，选择一个适合图书借阅管理的数据库管理系统。

【任务实施】

数据库通常分为层次数据库、网络式数据库和关系数据库，结合 T 大学的基本需求，采用目前使用率较高的关系数据库，认识关系数据库、进行关系数据库设计、选择合适的数据库管理系统进行数据库的管理。

1.1.1　认识关系数据库

关系数据库是基于关系模型的数据库，是目前各类数据库中最重要、最流行的数据库，它应用数学方法来处理数据库数据，是目前使用最广泛的数据库系统。20 世纪 70 年代以后开发的数据库管理系统产品几乎都是基于关系模型。在数据库发展的历史上，最重要的成就就是关系模型。

1. 关系数据库的基本概念

关系数据库模型把世界看作是由实体和联系构成的，其中的信息是以二维表来存储的，为了描述表的结构以及表与表之间的联系，用到了以下基本概念。

1）实体

实体是指客观存在、可相互区分的事物。实体可以是具体的对象，如一个学生、一门课程、一艘船、一幢房子、一件产品、一座仓库等；实体也可以是抽象的事件，如一次选课、一次购房、一次订货等。在关系模型中实体通常是以表的形式来表现的。表的每一行描述实体的一个实例，表的每一列描述实体的一个特征或属性。

2）实体集

实体集是指同类实体的集合。例如，某个公司的所有产品、某个公司的所有仓库、某个学校的所有学生等。一个实体集的范围可大可小，主要取决于要解决的应用问题所涉及的范围的大小。例如，为解决某个学校的应用问题，那么该校全体学生组成的集合就是一个学生实体集，但如果应用问题与沈阳市所有的学校有关，那么学生实体集包含的就是沈阳市的所有学生。

3）属性

实体集中的所有实体都具有一组相同的特性，如学生实体集中的每个实体都有学号、姓名、年龄、性别、系、籍贯等特性，我们把实体所具有的某一特性称为属性。

4）实体型和实体值

实体有类型和值之分。用于描述和抽象同一实体集共同特征的实体名及其属性名的集合称为实体型，如学生（学号，姓名，年龄，性别，系，籍贯）就是一个实体型。相应地，实体集中的某个实体的值即实体值，如（'05331101'，'张曼'，19，'女'，'信息工程系'，'辽宁沈阳'）就是一个实体值。

5）实体间的联系

实体间的联系就是实体集与实体集之间的联系，这种联系共有以下3种：

（1）一对一联系。

如果对于实体集 E1 中的每个实体，在实体集 E2 中至多只有一个实体与之对应，反之亦然，则称实体集 E1 与 E2 之间的联系是一对一联系，记为“1：1”。例如，影剧院中观众和座位之间就具有一对一的联系，因为在一个座位上最多坐一个观众，而一个观众也只能坐在一个座位上。

（2）一对多联系。

如果对于实体集 E1 中的每个实体，在实体集 E2 中有任意个（零个或多个）实体与之相对应，而对于 E2 中的每个实体却至多和 E1 中的一个实体相对应，则称实体集 E1 与 E2 之间的联系是一对多联系，记为“1：n”。例如，学校的专业与学生之间、公司的部门与其职工之间、球队与球员之间都具有一对多的联系。

（3）多对多联系。

如果对于实体集 E1 中的每个实体，在实体集 E2 中有任意个（零个或多个）实体与之相对应，反之亦然，则称实体集 E1 与 E2 之间的联系是多对多联系，记为“m：n”。例如学校的学生与图书之间就具有多对多的联系，因为一个学生可以借阅多本图书，一本图书也可被多个学生借阅。公司的产品与其客户之间也具有多对多联系，因为一个产品可以被多个客户订购，一个客户也可以订购多个产品。

6）数据完整性

数据完整性是指数据的正确性和可靠性。为了维护数据库中数据与现实世界的一致性，对关系数据库的插入、删除和修改操作必须有一定的约束条件，这就是关系数据库的四类完整性：实体完整性、域完整性、参照完整性和用户定义完整性。

（1）实体完整性。

实体完整性要求表中的所有的行具有唯一的标识符，即 primary key 、unique、identity 。是否可以改变主键值或删除一整行，取决于主键和其他表之间要求的完整性级别。在学生表中，学号定义为主键，则在学生表中不能同时出现 2 个学号相同的学生，也就是通过学号这个主键，实现了学生表的实体完整性。

主键是被挑选出来的列或组合，该列或组合用来唯一标识一行。一个表只有一个主键，且主键必须唯一，并且不允许为 NULL 或重复。例如学生的学号可以作为主键，但姓名不能，因为姓名可能重复，如果姓名也是唯一的，也可以用来作主键。主键有时也称为主关键字。

（2）域完整性。

域完整性指定一组对列有效的数据值，并确定是否允许有空值。通常使用有效性检查强制域完整性，也可以通过限定列中允许的数据类型、格式或可能值的范围来强制数据完整性。例如学生的年龄定义为两位整数，范围还太大，我们可以写如下规则把年龄限制在 15～30 岁：check（age between 15 and 30）。

（3）参照完整性。

参照完整性也称为引用完整性，该完整性确保始终保持主键（在被引用表中）和外键（在引用表中）的关系。如果有外键引用了某行，那么不能删除被引用表中的该行，也不能改变主键，除非允许级联操作。可以在同一个表中或两个独立的表之间定义参照完整性。

如果表中的某一字段与另一表中的主键相对应，则将该字段称为表的外键。外键表示了两个表之间的联系。以另一个表的外键作主键的表被称为主表，具有此外键的表被称为主表的从表。外键又称为外关键字。如学生表（学号，姓名，年龄，性别，系编号，籍贯）和系别表（系编号，系名称，系主任名），其中系别表是主表，学生表是从表。因为系编号在系别表中是主键，在学生表中是外键。

借阅表中的属性"学号"是学生表外部关系键。如表 1.4 中的某个学生的学号的取值必须在参照的表 1.2 中的主键"学号"中能够找到，否则一个不存在的学生却借阅了图书，显然与实际不符。借阅表中的属性"书号"是图书表的外部关系键。如表 1.4 中的某本图书的书号的取值必须在参照表 1.3 中的主键"书号"中能够找到。

表 1.2 学生表（仅供举例）

学号	姓名	性别	年龄
15301101	张曼	女	19
15301102	刘迪	女	20
15301103	刘凯	男	20
15301104	王越	男	21
15301105	李楠	女	19
05301106	胡栋	男	20

表 1.3 图书表（仅供举例）

书号	书名	数量
0001	大学英语	10
0002	高等数学	10
0003	数据库原理与应用	6
0004	数据结构	6

表 1.4 借阅表（仅供举例）

学号	书号	借阅日期
15301101	0001	2018－1－5
15301101	0002	2018－1－15
15301101	0003	2018－2－5
15301102	0001	2018－5－5
15301102	0002	2018－5－5
15301102	0003	2018－5－5
15301103	0001	2018－9－5
15301103	0002	2018－7－5
15301103	0003	2018－7－5

（4）用户定义完整性。

用户定义完整性针对的是某个特定关系数据库的约束条件，它反映某一具体应用所涉及的数据必须满足的语义要求。SQL Server 提供了定义和检验这类完整性的机制，以便用统一的系统方法来处理它们，而不是让应用程序来承担这一功能。其他的完整性类型都支持用户定义的完整性。

2. 关系数据库设计

在数据库系统中，数据是数据库存储的基本对象，数据库是长期存储在计算机内、有组织、可共享的大量数据的集合，数据库管理系统是位于用户与操作系统之间的数据管理软件，数据存储在数据库内由数据库管理员通过数据库管理系统对数据库进行独立的管理，对程序的依赖性大大减少，而数据库设计也逐渐成为一项独立的开发活动。

1）数据库设计的过程

一般来说，数据库的设计都要经过需求分析、概念结构设计、逻辑结构设计、物理结构设计和数据库实施与维护几个阶段。

需求分析是分析系统的需求，该过程的主要任务是从数据库的所有用户那里收集对数据的需求和对数据的处理需求，并把这些需求写成需求说明书。

概念结构设计是将需求说明书中关于数据的需求综合为一个统一的概念模型，其过程是首先根据单个应用的需求，画出能反映每一个应用需求的局部 E－R 模型，然后把这些 E－R 图合并起来，消除冗余和可能存在的矛盾，得出系统总体的 E－R 模型。

逻辑结构设计是将 E－R 模型转换成某一特定的数据库管理系统能够接受的逻辑模式。对关系数据库来说，主要是完成表的结构和关联的设计。

物理结构设计主要是确定数据库的存储结构的，包括确定数据库文件和索引文件的记录格式和物理结构，选择存取方法等，这个阶段的设计最困难，不过现在这些工作基本上由数据库管理系统来完成，操作起来非常简单。

数据库实施与维护主要是在数据库系统设计完成后，结合界面设计进行相关的部署与实施，在试运行阶段、运行阶段、版本升级阶段等进行相应的维护。

2）E－R 图

对于一般的数据库管理员和编程人员来说，其主要关心的是中间两个阶段，即概念结构设计和逻辑结构设计，而在概念结构设计阶段通常采用的设计方法是 E－R 图。

E－R 图是 P. P. S. Chen 于 1976 年提出的用于表示概念模型的方法，该方法直接从现实世界抽象出实体及其相互间的联系，并用 E－R 图来表示概念模型。在 E－R 图中，实体、属性及实体间的联系是这样表示的：

（1）实体：用标有实体名的矩形框表示。

（2）属性：用标有属性名的椭圆框表示，并用一条直线与其对应的实体连接。

（3）实体间的联系：用标有联系名的菱形框表示，并用直线将联系与相应的实体，且在直线靠近实体的一端标上 1 或 n 等，以表明联系的类型（$1:1$、$1:n$、$m:n$）。

例如，学生实体、教师实体和图书实体及相互间的多对多联系可以用图 1.1 所图表示，其中教师实体具有工号、姓名、职称等属性。图书实体具有书号和书名与图书间有管理的联系，学生与图书间又有借阅的联系。它们构成一个完整的在用 E-R 图描述概念模型时，应该根据具体的应用环境来决定图中包含哪些实体，实体间又包含哪些联系，联系与实体间的连接方法可以是多样的，上面所举的例子都是两个实体集间的联系，叫作二元联系。也可以是多个实体集间的联系，叫作多元联系。

从 E-R 图可以看出，用 E-R 图来描述概念模型非常接近人的思维，容易理解，而且 E-R 图与具体的计算机系统无关，易被不具有计算机知识的最终用户接受。因此，E-R 图是数据库设计人员与用户进行交互的最有效工具。

设计出 E-R 图后，接下来要将 E-R 图转换成关系数据库中的二维表。将 E-R 图转换成表比较简单，表名可以用实体集的名称，将实体集的属性名作为表的列名形成一张二维表，注意每一个实体集要形成一张二维表，如学生实体集可转化成学生表（学号，姓名，年龄，性别，专业，联系方式）。原则上每一个联系也是一张二维表，有时也将联系采用外键约束的方式内置在两个实体集表中，联系也需要属性，如学生与图书的联系借阅可转化成借阅表（学号，书号，借阅日期，应还书日期，实际还书如期，借阅数量）等，学生实体与图书实体的相互联系的 E-R 图如图 1.1 所示。

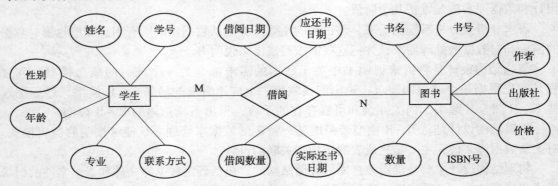

图 1.1　学生实体与图书实体的相互联系的 E-R 图

1.1.2　选择数据库管理系统

1. 常见数据库管理系统

SYBASE

B. Hiffman 和 Robert Epstern 创建了 SYBASE 公司，并在 1987 年推出了 SYBASE 主要有三种版本，一是 UNIX 操作系统下运行的版本，二是 Windows NT 环境下运行的版本。对 UNIX 操作系统 SE 11 for SCO UNIX。它是基于客户/服务器体系结构

关系型数据库管理系统，分别在不同的操作系统平台上 的系统和个人计算机操作系统，在基于 UNIX 系统和微软 DB2 追寻了 ORACLE 的数据库产品。DB2 主要应用于大

型应用系统，具有较好的可伸缩性，可支持从大型机到单用户环境，应用于 OS/2、Windows 等平台下。

3）ORACLE

ORACLE 数据库系统是美国 ORACLE 公司（甲骨文）提供的以分布式数据库为核心的一组软件产品，是目前最流行的客户/服务器（CLIENT/SERVER）或 B/S 体系结构的数据库之一。比如 SilverStream 就是基于数据库的一种中间件。ORACLE 数据库是目前世界上使用最为广泛的数据库管理系统，作为一个通用的数据库系统，它具有完整的数据管理功能；作为一个关系数据库，它是一个完备关系的产品；作为分布式数据库，它实现了分布式处理功能。

4）MySQL

MySQL 是一种开放源代码的关系型数据库管理系统（RDBMS），MySQL 数据库系统使用最常用的数据库管理语言——结构化查询语言（SQL）进行数据库管理。由于 MySQL 是开放源代码的，因此任何人都可以在 General Public License 的许可下下载并根据个性化的需要对其进行修改。MySQL 因为其速度、可靠性和适应性而备受关注。大多数人都认为在不需要事务化处理的情况下，MySQL 是管理内容最好的选择。

5）Access

Microsoft Office Access 是微软把数据库引擎的图形用户界面和软件开发工具结合在一起的一个数据库管理系统。它是微软 Office 的一个成员，在包括专业版和更高版本的 Office 版本里面被单独出售。Access 广泛使用在很多地方，例如小型企业，大公司的部门。

6）FoxPro

FoxPro 最初由美国 Fox 公司 1988 年推出，1992 年 Fox 公司被微软公司收购后，相继推出了 FoxPro2.5、2.6 和 VisualFoxPro 等版本，其功能和性能有了较大的提高。FoxPro2.5、2.6 分为 DOS 和 Windows 两种版本，分别运行于 DOS 和 Windows 环境下。FoxPro 比 Fox-BASE 在功能和性能上又有了很大的改进，主要是引入了窗口、按钮、列表框和文本框等控件，进一步提高了系统的开发能力。FoxPro 是一种典型的单机数据库。

7）SQL Server

SQL Server 是由微软公司开发和推广的关系数据库管理系统（DBMS），它最初是由微软、SYBASE 和 Ashton – Tate 三家公司共同开发的，并于 1988 年推出了第一个 OS/2 版本。目前最新版本是 2012 年 3 月份推出的 SQL Server 2012。主流产品是 SQL Server 2008。SQL Server 是真正的客户机/服务器体系结构；图形化用户界面，使系统管理和数据库管理更加直观、简单；丰富的编程接口工具，为用户进行程序设计提供了更大的选择余地；SQL Server 与 Windows NT 完全集成，利用了 NT 的许多功能，如发送和接收消息，管理登录安全性等。

8）Informix

Informix 公司在 1980 年成立，目的是为 UNIX 等开放操作系统提供专业的关系型数据库产品。公司的名称 Informix 便是取自 Information 和 UNIX 的结合。Informix 公司第一个真正支持 SQL 语言的关系数据库产品是 InformixSE（StandardEngine）。InformixSE 的特点是简单、轻便、适应性强。它的装机量非常之大，尤其是在当时的 UNIX 环境下，成为主要的数据库产品。它也是第一个被移植到 Linux 上的商业数据库产品。

9）PostgreSQL

PostgreSQL 是一种特性非常齐全的自由软件的对象——关系型数据库管理系统（ORD-BMS），它的很多特性正是当今许多商业数据库的前身。它包括目前世界上最丰富的数据类型的支持，甚至有些商业数据库不具备的类型如 IP 类型和几何类型；全功能的自由软件数据库，很长时间以来，PostgreSQL 是唯一支持事务、子查询、多版本并行控制系统、数据完整性检查等特性的一种自由软件的数据库管理系统。

2. 数据库管理系统的选择原则

选择数据库管理系统时应从以下几个方面予以考虑。

1）构造数据库的难易程度

需要分析数据库管理系统有没有范式的要求，即是否必须按照系统所规定的数据模型分析现实世界，建立相应的模型；数据库管理语句是否符合国际标准，符合国际标准则便于系统的维护、开发、移植；有没有面向用户的易用的开发工具；所支持的数据库容量，数据库的容量特性决定了数据库管理系统的使用范围。

2）程序开发的难易程度

有无计算机辅助软件工程工具 CASE——计算机辅助软件工程工具可以帮助开发者根据软件工程的方法提供各开发阶段的维护、编码环境，便于复杂软件的开发、维护；有无第四代语言的开发平台——第四代语言具有非过程语言的设计方法，用户无需编写复杂的过程性代码，易学、易懂、易维护；有无面向对象的设计平台——面向对象的设计思想十分接近人类的逻辑思维方式，便于开发和维护；对多媒体数据类型的支持——多媒体数据需求是今后发展的趋势，支持多媒体数据类型的数据库管理系统必将减少应用程序的开发和维护工作。

3）数据库管理系统的性能分析

其包括性能评估（响应时间、数据单位时间吞吐量）、性能监控（内外存使用情况、系统输入/输出速率、SQL 语句的执行，数据库元组控制）、性能管理（参数设定与调整）。

4）对分布式应用的支持

其包括数据透明与网络透明程度。数据透明是指用户在应用中不需指出数据在网络中的什么节点上，数据库管理系统可以自动搜索网络，提取所需数据；网络透明是指用户在应用中无需指出网络所采用的协议。数据库管理系统自动将数据包转换成相应的协议数据。

5）并行处理能力

支持多 CPU 模式的系统（SMP、CLUSTER、MPP），负载的分配形式，并行处理的颗粒度、范围。

6）可移植性和可扩展性

可移植性指垂直扩展和水平扩展能力。垂直扩展要求新平台能够支持低版本的平台，数据库客户机/服务器机制支持集中式管理模式，以保证用户以前的投资和系统；水平扩展要求满足硬件上的扩展，支持从单 CPU 模式转换成多 CPU 并行机模式（SMP、CLUSTER、MPP）。

7）数据完整性约束

数据完整性指数据的正确性和一致性保护，包括实体完整性、参照完整性、复杂的事务规则。

8）并发控制功能

对于分布式数据库管理系统，并发控制功能是必不可少的，因为它面临的是多任务分布环境，可能会有多个用户点在同一时刻对同一数据进行读或写操作，为了保证数据的一致性，需要由数据库管理系统的并发控制功能来完成。

9）容错能力

异常情况下对数据的容错处理。评价标准：硬件的容错、有无磁盘镜像处理功能软件的容错、有无软件方法。

10）安全性控制

其包括安全保密的程度（账户管理、用户权限、网络安全控制、数据约束）。

11）支持多种文字处理能力

其包括数据库描述语言的多种文字处理能力（表名、域名、数据）和数据库开发工具对多种文字的支持能力。

12）数据恢复的能力

当突然停电、出现硬件故障、软件失效、病毒或严重错误操作时，系统应提供恢复数据库的功能，如定期转存、恢复备份、回滚等，使系统有能力将数据库恢复到损坏以前的状态。

3. 本项目选择的数据管理系统

目前使用的开发操作系统是 Windows 7，软件开发服务器是 Windows Server 2003，为了保证操作系统和数据库的无缝连接，并保证适当领先的原则，选择使用 SQL Server 2012 作为数据库管理系统。SQL Server 2012 具有以下优点：

（1）可信任——内置的安全性功能及 IT 管理功能，提高服务器正常运行时间并加强数据保护，使公司可以以很高的安全性、可靠性和可扩展性运行最关键任务的应用程序。

（2）高效——通过快速的数据探索和数据可视化对成堆的数据进行细致深入的研究，使公司可以降低开发和管理数据基础设施的时间和成本。

（3）智能——提供了一个全面的平台，通过一体机和私有云/公共云产品，降低解决方案的复杂度，通过托管式自主商业智能、IT 面板及 SharePoint 之间的协作，为整个商业机构提供可访问的智能服务，可以在用户需要的时候给其发送信息。

任务 1.2 SQL Server 2012 安装准备

【任务目标】

为安装 SQL Server 2012 做好一切准备，包括软件需求、硬件需求等，以确保下一步

SQL Server 2012 安装的顺利进行。

为安装 SQL Server 2012 做好一切准备，以确保下一步 SQL Server 2012 安装的顺利进行。

【任务实施】

1.2.1　了解 SQL Server 2012 的版本

SQL Server 2012 是一个全面的数据库平台，使用集成的商业智能（BI）工具提供了企业级的数据管理，全面支持云技术与平台，并且能够快速构建相应的解决方案实现私有云与公有云之间数据的扩展与应用的迁移。SQL Server 2012 数据库引擎为关系型数据和结构化数据提供了更安全可靠的存储功能，用户可以构建和管理用于业务的高可用和高性能的数据应用程序。

SQL Server 2012 数据库引擎是解决方案的核心。此外，SQL Server 2012 结合了分析、报表、集成和通知功能。这使我们可以构建和部署经济有效的 BI 解决方案，帮助我们通过记分卡、Dashboard、Web Services 和移动设备将数据应用推向业务的各个领域。

SQL Server 2012 版本很多，根据我们的需求，选择的 SQL Server 2012 版本也各不相同，而根据应用程序的需要，安装要求亦会有所不同。不同版本的 SQL Server 2012 能够满足单位和个人独特的性能、运行时以及价格要求。安装哪些 SQL Server 2012 组件还取决于具体需要。下面的部分将帮助读者了解如何在 SQL Server 2012 的不同版本和可用组件中做出最佳选择。

1. SQL Server 2012 Enterprise 企业版

作为高级版本，SQL Server 2012 Enterprise 企业版提供了全面的高端数据中心功能，性能极为快捷、虚拟化不受限制，还具有端到端的商业智能，可为关键任务工作负荷提供较高服务级别，支持最终用户访问深层数据。

2. SQL Server 2012 Standard 标准版

SQL Server 2012 Standard 标准版提供了基本数据管理和商业智能数据库，使部门和小型组织能够顺利运行其应用程序并支持将常用开发工具用于内部部署和云部署，有助于以最少的 IT 资源获得高效的数据库管理。

3. SQL Server 2012 Developer 专业版

SQL Server 2012 Developer 专业版支持开发人员基于 SQL Server 构建任意类型的应用程序。它包括 SQL Server 2012 Enterprise 版的所有功能，但有许可限制，只能用作开发和测试系统，而不能用作生产服务器。SQL Server 2012 Developer 是构建 SQL Server 和测试应用程序的人员的理想之选。

4. SQL Server 2012 Business Intelligence 商业智能版

SQL Server Business Intelligence 商业智能版是新增版本，主要在云支持中，通过托管式自主商业智能、IT 面板及 SharePoint 之间的协作，为整个商业机构提供可访问的智能服务。

5. SQL Server 2012 Web 版

对于 Web 主机托管服务提供商和 Web VAP 而言，SQL Server 2012 Web 版是一项总拥有成本较低的选择，它可针对从小规模到大规模 Web 资产等内容提供可伸缩性、经济性和可管理性能力。

6. SQL Server 2012 Express 版

SQL Server 2012 Express 版本是入门级的免费数据库，是学习和构建桌面及小型服务器数据驱动应用程序的理想选择。它是独立软件供应商、开发人员和热衷于构建客户端应用程序的人员的最佳选择。如果您需要使用更高级的数据库功能，则可以将 SQL Server 2012 Express 无缝升级到其他更高端的 SQL Server 版本。SQL Server Express LocalDB 是 SQL Server 2012 Express 的一种轻量级版本，它具备 SQL Server 2012 Express 的所有可编程性功能，但在用户模式下运行，还具有零配置快速安装和必备组件要求较少的特点。

1.2.2　确认 SQL Server 2012 的软、硬件要求

1. 硬件要求

（1）监视器：SQL Server 图形工具需要 VGA 或更高分辨率，分辨率至少为 1 024×768 像素。

（2）定点设备：鼠标或者其他定点设备。

（3）CD 或 DVD 驱动器：通过 CD 或 DVD 驱动器安装时需要相应的 CD 或 DVD 驱动器。

（4）其他主要硬件要求如表 1.5 所示。

表 1.5　安装 SQL Server 2012 主要硬件要求

硬件位数	处　理　器	内　存	硬　盘
32 位	Intel 1.0GHz（或同等性能的兼容处理器）或速度更快的处理器	最低 1GB，建议 2GB 以上	根据安装组件变化，建议 6GB 以上
X64 位	AMD Opteron、AMD Athlon 64、支持 Intel EM64T 的 Intel Pentium Ⅳ，1.4GHz 以上	最低 1GB，建议 2GB 以上	根据安装组件变化，建议 6GB 以上

2. 软件要求

各个版本对软件也有一定的要求，大部分组件可从 Microsoft 网站下载。

（1）SQL Server 安装程序安装该产品所需的软件组件如下。

①Microsoft Windows. NET Framework 3.5 以上。

②Microsoft Windows Installer 3.1 以上。

③Microsoft SQL Server 本机客户端。

④Microsoft SQL Server 安装程序支持文件。

（2）主流操作系统与 SQL Server 2012 主要版本的兼容情况如表 1.6 所示。

表 1.6　主流操作系统与 SQL Server 2012 主要版本兼容情况

OS＼版本	企业版	标准版	专业版
Windows XP Professional	不兼容	兼容	不兼容
Vista	不兼容	兼容	不兼容
Windows 7	不兼容	兼容	不兼容
Windows Server 2003	兼容	兼容	兼容
Windows Server 2008	兼容	兼容	兼容

3. 本项目选择的版本

目前，T 大学的主要软硬件条件如下：

1）主要硬件情况

处理器：Intel Pentium IV，1.4 GHz 以上；

内存：8 GB；

硬盘：512 GB。

2）软件情况

操作系统：Windows 7（sp1）操作系统或者 Windows Server 2003 企业版。

根据 SQL Server 2012 的软硬件需求信息，结合 T 大学目前的实际情况，在符合主要硬件条件的前提下，如果操作系统为 Windows 7（sp1），可以选择安装 SQL Server 2012 标准版，如果操作系统为 Windows Server 2003 企业版可以选择安装 SQL Server 2012 企业版。

根据这些信息，作出如下决定：

（1）赵老师的桌面计算机使用的是 Windows 7（sp1）操作系统，所以安装 SQL Server 2012 标准版，主要从事项目的开发、调试工作。

（2）T 大学的网络运行部有一台配置较好的服务器，运行着 Windows Server 2003 企业版，用来安装 SQL Server 2012 企业版，以满足借阅系统的后台运行和管理工作。

1.2.3　确定安装实例

SQL Server 2012 实例是一组数据库功能的集合，是安装成功后数据库服务器的名称，有如下两种实例。

1. 默认实例

如果安装默认实例，那么数据库服务器名就是计算机的网络名称，SQL Server 服务的默认实例名为 MSSQLSERVER。

2. 命名实例

如安装命名实例，那么数据库服务器名由计算机网络名和实例名两部分组成，格式是：计算机名\实例名。

一台计算机可以安装多个实例，各个实例可以有不同的设置，且相互独立。

准备安装 SQL Server 2012 的计算机未安装过 SQL Server 实例，因此，可以使用默认实例安装。

任务 1.3　安装 SQL Server 2012

【任务目标】

安装 SQL Server 2012 的默认实例。要安装 SQL Server 2012，必须先安装其前导组件 Microsoft. NET Framework 和 Windows Installer.

【任务实施】

1.3.1　安装前导组件

1. 安装 Windows Installer 3.1

若要安装 Windows Installer 3.1，则必须根据机器硬件的配置情况选择安装包，请根据参照表 1.7 选择合适的安装软件。

表 1.7　Windows Installer 3.1 安装软件选择

标识	芯　片	路　径	位数
X86	基于 X86 指令集	X86\redist\Windows Installer\x86\instmsi45. exe	32
X86_64	Intel 的 EM64T Xeon 和 AMD 64 位 Operon	X86_64\redist\Windows Installer\x64\instmsi45. exe	64
IA64	Intel 的 Itanium	ia64\redist\Windows Installer\ia64\instmsi45. exe	64

安装过程比较简单，运行相应的程序即可完成 Windows Installer 3.1 的安装任务。

2. 安装 Microsoft. NET Framework 3.5

相应的安装程序位于软件媒体中，对应的详细路径如表 1.8 所示。

表 1.8　Microsoft. NET Framework 3.5 安装程序路径

标识	芯　片	路　径	位数
X86	基于 X86 指令集	X86\redist\DotNetFrameworks\dotNetFx35setup. exe	32
X86_64	Intel 的 EM64T Xeon 和 AMD 64 位 Operon	X86_64\redist\ DotNetFrameworks\dotNetFx35setup. exe	64
IA64	Intel 的 Itanium	ia64\redist\ DotNetFrameworks\dotNetFx35setup. exe	64

安装过程比较简单，运行相应的程序即可完成 Microsoft. NET Framework 3.5 的安装任务。

1.3.2　安装 SQL Server 2012

安装 SQL Server 2012，从运行软件介质中的 Setup. exe 程序开始，可以完成计划、安装、维护、工具、资源、高级、选项等功能。

1. 安装计划

安装计划是 SQL Server 2012 安装过程的第一部分，主要展现用户可以选择的安装工作的说明文档，当用户点击相应的标题内容后，在联网状态下，直接跳转打开微软中国网站中的相应内容，主要内容描述如下：

（1）硬件和软件要求：查看有关本版本的软件和硬件要求。

（2）安全文档：查看有关本版本的安全文档。

（3）联机发行说明：查看有关本版本的最新信息。

（4）如何获取 SQL Server Data Tools：为数据库开发人员提供一个集成的环境，以便针对任何 SQL Server 平台执行所有数据库设计工作。

（5）系统配置检查器：启动工具以检查阻止成功安装 SQL Server 的条件。

（6）安装升级顾问：升级顾问会分析已安装的所有 SQL Server 2008 R2、SQL Server 2008 或 SQL Server 2005 组件，并确定升级到 SQL Server 2012 之前或之后要解决的问题。

（7）联机安装帮助：启动联机安装文档。

（8）如何开始使用 SQL Server 2012 故障转移群集：阅读关于如何开始使用 SQL Server 2012 故障转移群集的说明。

（9）升级文档：查看有关如何从 SQL Server 2005、SQL Server 2008 或 SQL Server 2008 R2 升级到 SQL Server 2012 的文档。

（10）如何应用 SQL Server 更新：查看该文档可了解如何在新安装的过程中应用适当的产品更新或者向现有 SQL Server 2012 安装应用适当的产品更新。其对话框如图 1.2 所示。

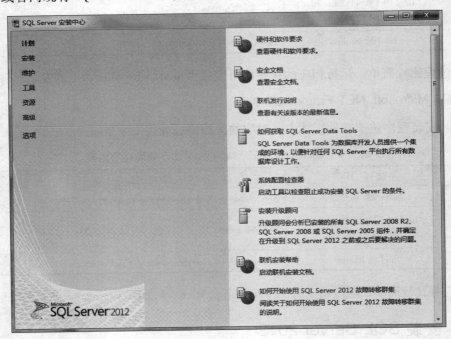

图 1.2　安装计划

2. 安装类别

SQL Server 的安装类别有全新安装、群集安装、群集节点安装和升级安装等，如图 1.3 所示。

图 1.3　安装类别对话框

在安装类别对话框中单击各标题内容，会打开相应的操作对话框。

（1）全新 SQL Server 独立安装或向现有安装添加功能：启动安装向导，在非群集环境中安装 SQL Server 2012 或向现有 SQL Server 2012 实例中添加功能。

（2）新的 SQL Server 故障转移群集安装：启动安装向导，安装单节点的 SQL Server 2012 故障转移群集。

（3）向 SQL Server 故障转移群集添加节点：启动安装向导，向现有 SQL Server 2012 故障转移群集中添加节点。

（4）从 SQL Server 2005、SQL Server 2008 或 SQL Server 2008 R2 升级：启动安装向导，将 SQL Server 2005、SQL Server 2008 或 SQL Server 2008 R2 升级到 SQL Server 2012。

根据事先确定的方案，本项目选择全新 SQL Server 独立安装或向现有安装添加功能，单击图标，弹出"安装程序支持规则"对话框。

3. 安装程序支持规则

在图 1.3 中，单击"全新 SQL Server 独立安装或向现有安装添加功能"标题，会弹出"安装程序支持规则"对话框。安装程序支持规则可确定在安装 SQL Server 程序支持文件时可能发生的问题，必须更正所有失败，安装程序才能继续。安装规则为安装程序根据系统配置自行检查，在初次加载对话框中单击"显示详细信息(S) >>"按钮，可以查看每个规则的通过状态。其查看情况如图 1.4 所示。

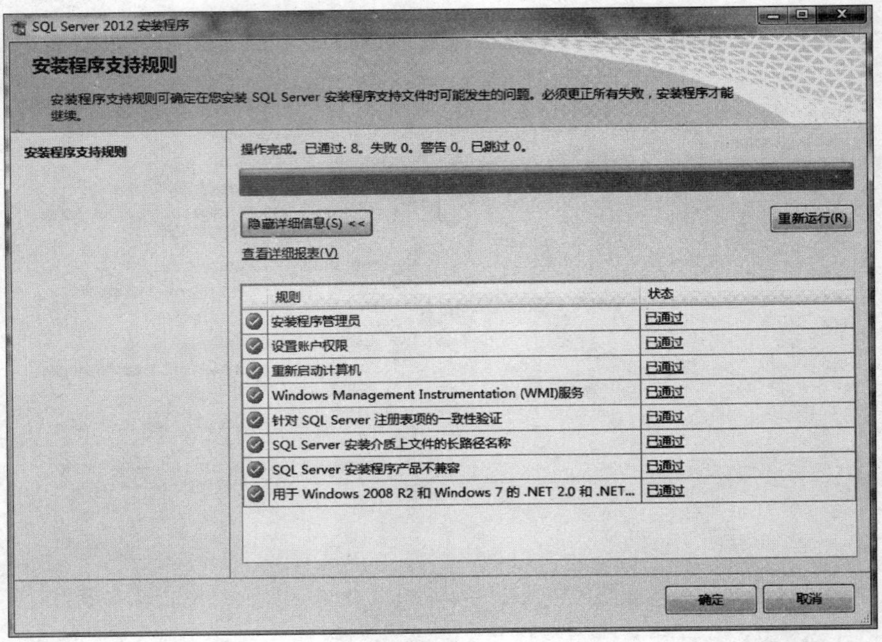

图 1.4 "安装程序支持规则"对话框

4. 产品密钥

在图 1.4 中单击"确定"按钮，弹出"产品密钥"对话框，如图 1.5 所示。

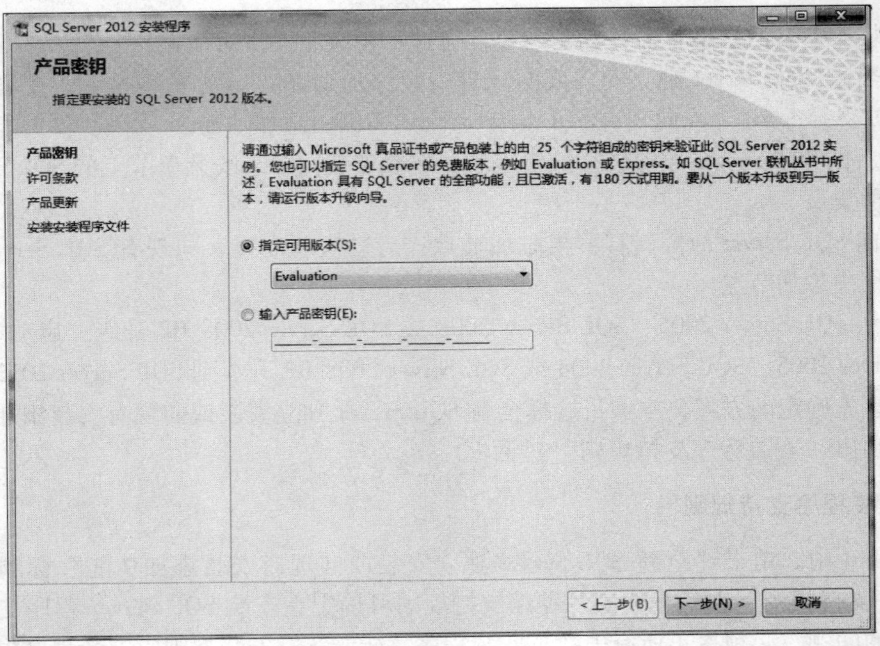

图 1.5 "产品密钥"对话框

在"产品密钥"对话框中，用户需要选择安装的不同方式。选择"指定可用版本"单选按钮，说明可以指定安装 SQL Server 的免费版本，例如 Evaluation 或 Express。Evaluation 具有 SQL Server 的全部功能，有 180 天试用期，Express 是用户示例数据库。选择"输入产品密钥"单选按钮，说明可以通过输入 Microsoft 真品证书或产品包装上的密钥来验证此 SQL Server 2012 实例。

5. 许可条款

在图 1.5 中输入产品密钥，单击"下一步"按钮，弹出"许可条款"对话框，如图 1.6 所示。用户需要查看 Microsoft 评估软件许可条款，选择"我接受许可条款"复选框，说明用户同意条款且继续安装，这个选项需要选择，选择"将功能使用情况数据发送到 Microsoft。功能使用情况数据包括有关您的硬件配置以及您对 SQL Server 及其组件的使用情况的信息"复选框，说明用户在安装的同时会将个人计算机相关的信息发送到 Microsoft 网站，这个选项用户可以根据需求自行选择。

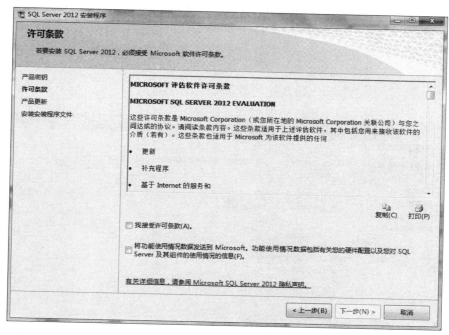

图 1.6 "许可条款"对话框

6. 产品更新

在图 1.6 中，选择"我接受许可条款"后，单击"下一步"按钮，弹出"产品更新"对话框，如图 1.7 所示。对话框中显示了联网寻找到的产品更新包，可以单击表格中详细信息列内每个更新包的序号，连接网络进行更新包的查看。

7. 安装安装程序文件

在图 1.7 中，单击"下一步"按钮，弹出"安装安装程序文件"对话框，如图 1.8 所示。页面中会显示每项任务的状态，包括未启动、正在进行、已完成，如果找到 SQL Server 安装程序的更新并指定要包含在内，则同时安装更新。

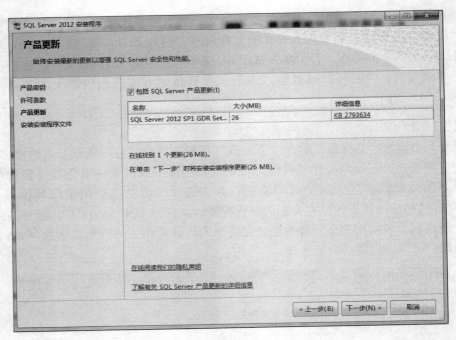

图 1.7 "产品更新"对话框

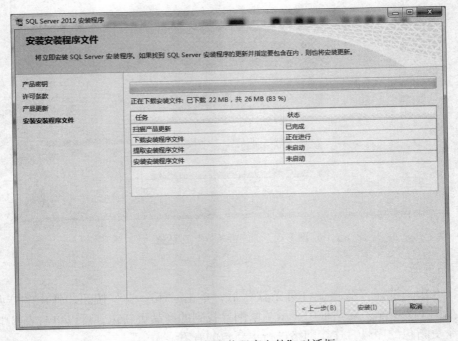

图 1.8 "安装安装程序文件"对话框

8. 安装程序支持规则

在图 1.8 中，单击"安装"按钮，弹出"安装程序支持规则"对话框，如图 1.9 所示。页面中左侧列表显示用户安装过程，右侧显示每个安装过程的细节。安装程序支持规则主要确定在安装 SQL Server 支持文件时可能发生的问题，全部通过即可进入下一步安装过程。

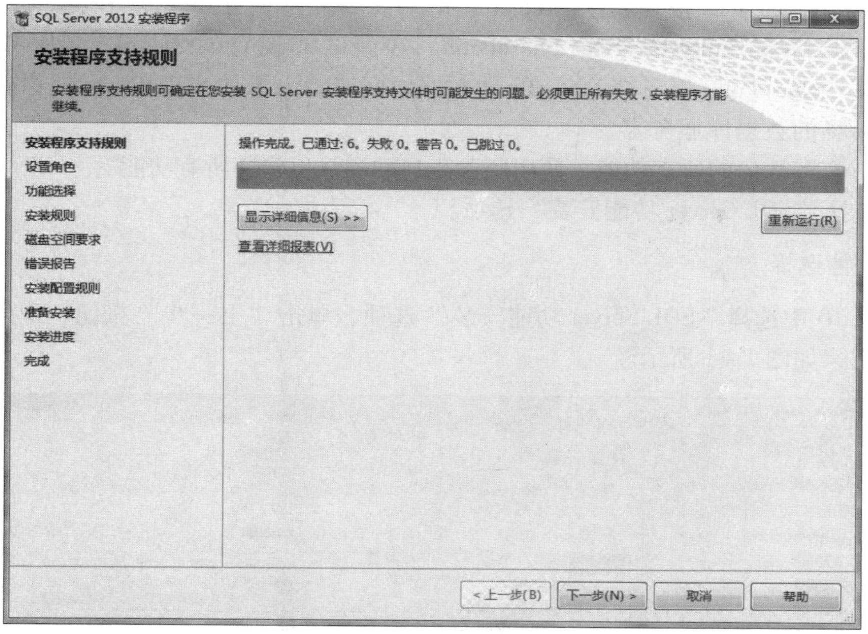

图 1.9　"安装程序支持规则"对话框

9. 设置角色

在图 1.9 中，单击"下一步"按钮，弹出"设置角色"对话框，如图 1.10 所示。设置角色主要分为三类，可以单击某个功能角色以安装特定配置。

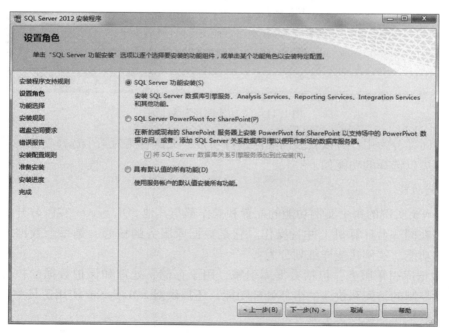

图 1.10　"设置角色"对话框

（1）SQL Server 功能安装：主要安装 SQL Server 数据库引擎服务、Analysis Services 分析服务、Reporting Services 报表服务、Integration Services 集成服务和其他功能。

（2）SQL Server PowerPivot for SharePoint：在新的或现有的 SharePoint 服务器上安装 PowerPivot for SharePoint 以支持 PowerPivot 数据访问或者，添加 SQL Server 关系数据库引擎以便用作新场的数据库服务器。

（3）具有默认值的所有功能：使用服务账户的默认值安装所有功能。

这里选择"SQL Server 功能安装"选项。

10. 功能选择

在图 1.10 中选择"SQL Server 功能安装"选项，单击"下一步"按钮，弹出"功能选择"对话框，如图 1.11 所示。

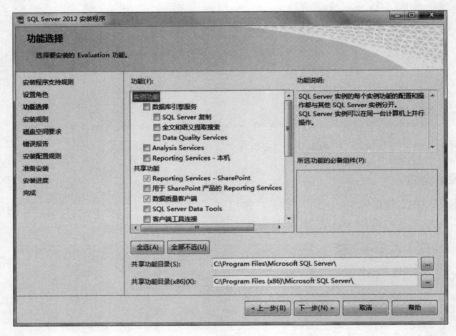

图 1.11　"功能选择"对话框

页面中间部分为用户可以安装的功能选择项目，页面右侧为某个选择功能的功能说明和描述。用户可以选择的功能如下：

1）实例功能

SQL Server 实例的每个实例功能的配置和操作都与其他 SQL Server 实例分开。SQL Server 实例可以在同一台计算机上并行操作。它是数据库服务的核心，是每个数据库服务器都需要安装的功能。实例功能详细划分为：

（1）数据库引擎服务：包括数据库引擎，用于存储、处理和保护数据的核心服务。该服务提供受控制的访问和快速的事务处理功能，还提供对 SQL Server 实用工具中的控制点的支持。可以群集化数据库引擎服务。

（2）Analysis Services：包括分析服务以及进行联机分析处理（OLAP）和数据挖掘等操

作时需要的工具。可以群集化 Analysis Services。

（3）Reporting Services – 本机：包括报表服务，该应用程序基于服务器，用于创建、管理报表并将报表传递到电子邮件、多种文本格式和基于 Web 的交互格式。无法聚集 Reporting Services。

2）共享功能

每个共享功能均在定义的作用域内安装一次且在该作用域内操作。定义的作用域可跨越某一计算机上的所有 SQL Server 版本，可以隔离到 SQL Server 的一个主要版本，或者隔离到一个或多个次要版本。

（1）Reporting Services – SharePoint：集成了报表服务器与 SharePoint 产品。SharePoint 站点和库集成了报表查看和报表管理体验。

（2）用于 SharePoint 产品的 Reporting Services 外接程序：管理用户界面组件，用来在 SharePoint 集成模式中将 SharePoint 产品与 SSRS 报表服务器进行集成。

（3）数据质量客户端：包括数据质量客户端对象。

（4）SQL Server Data Tools：安装 SQL Server 开发环境，商业智能工具以及数据库开发工具 Web 安装程序的引用。

（5）客户端工具连接：用于在客户端和服务器之间通信的组件。

（6）Integration Services：包括设计器和实用工具，可以实现数据存储区之间的数据移动、集成和转换。

（7）客户端工具向后兼容性。

（8）客户端工具 SDK：包括软件开发包、程序员资源等。

（9）文档组件：查看和管理 SQL Server 2012 文档的组件。

（10）管理工具 – 基本：包括对数据库引擎的管理平台的支持、SQL Server Express、SQL Server 命令行实用工具及分布式重播管理工具。

（11）分布式重播控制器：安排分布式重播客户端的操作。

（12）分布式重播客户端：多个分布式重播客户端可协同工具，以模拟针对某个 SQL Server 实例的工作负荷。

（13）SQL 客户端连接 SDK：包括用于数据库应用程序开发的 SQL Server Native Client SDK。

（14）Master Data Services：将来自组织中的不同系统的数据整合为单个主数据源，安装 Master Data Services 配置管理器、程序集、PowerShell 管理单元以及 Web 应用程序和服务的文件夹和文件。

本项目选择安装全部功能。

11. 安装规则

在图 1.11 中选择需要的功能，单击"下一步"按钮，弹出"安装规则"对话框，如图 1.12 所示。页面中主要显示安装程序正在运行规则以确定是否要阻止安装过程，如果进度条上方显示"操作完成。已通过：数目。失败 0. 警告 0. 已跳过 0"，说明安装规则验证已经完成。

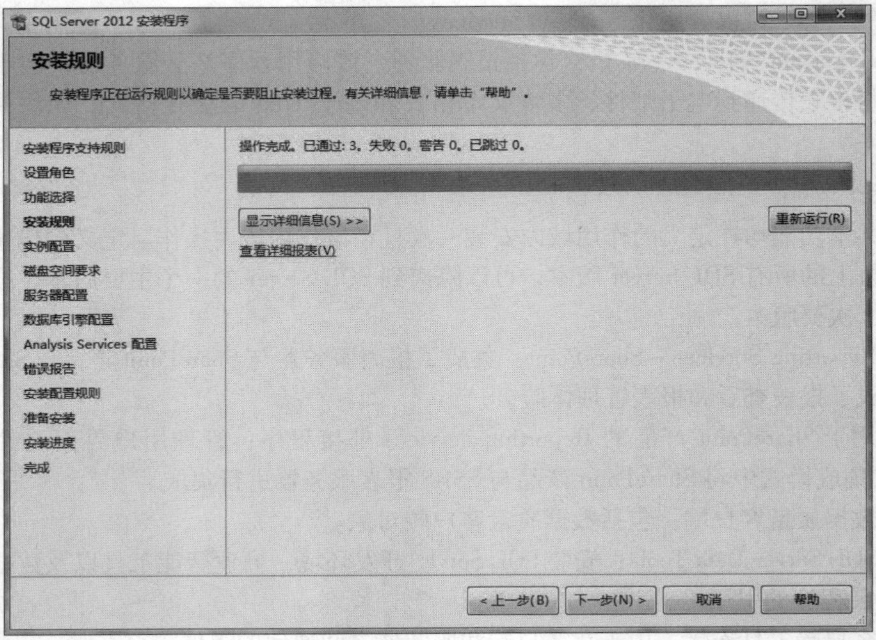

图 1.12 "安装规则"对话框

12. 实例配置

在图 1.12 中单击"下一步"按钮，弹出"实例配置"对话框，如图 1.13 所示。该页面用户需要指定 SQL Server 实例的名称和实例 ID，实例 ID 将成为安装路径的一部分。用于可以选择的实例类型有两种：默认实例和命名实例。

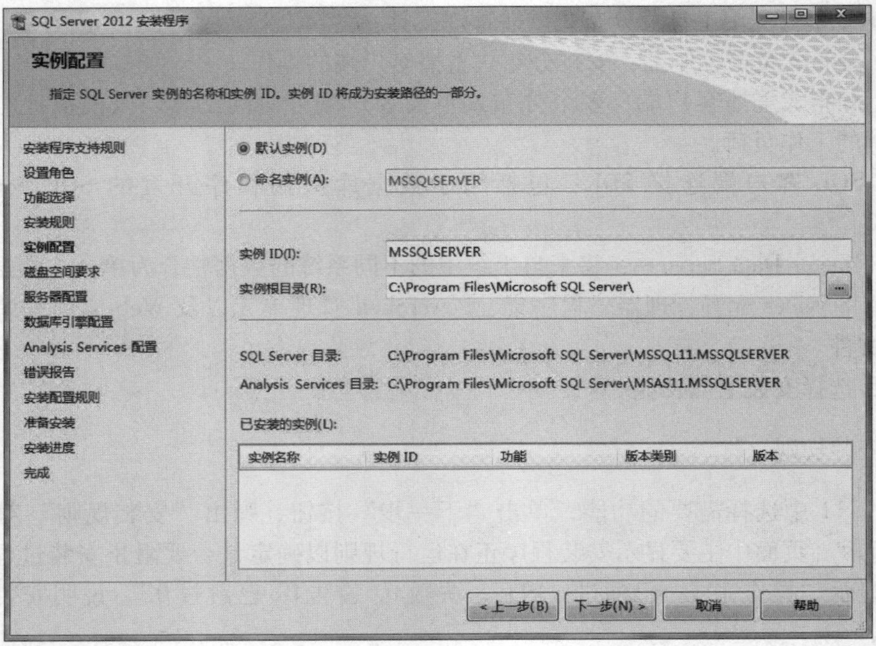

图 1.13 "实例配置"对话框

（1）默认实例：每个服务器第一次安装数据库服务器都会选择默认实例，数据库服务器名默认使用安装主机的计算机名作为标识。每台服务器只可以有一个默认实例。

（2）命名实例：每台服务器可以多有个命名实例，命名实例的数据库服务器名由计算机网络名和实例名两部分组成。

本项目选择安装默认实例。

13. 磁盘空间要求

在图1.13中单击"下一步"按钮，弹出"磁盘空间要求"对话框，如图1.14所示。页面会总结安装SQL Server功能所需要的磁盘空间摘要，包括系统驱动器、共享安装目录、实例目录的占用空间。

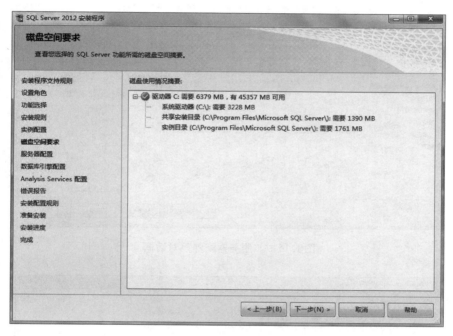

图1.14　"磁盘空间要求"对话框

14. 服务器配置

在图1.14中单击"下一步"按钮，弹出"服务器配置"对话框，如图1.15所示。该页面中用户完成服务器的配置任务，包括SQL Server代理服务、SQL Server数据库引擎服务、SQL Server Analysis Services服务、SQL Server Integration Services服务、SQL Server Full-text Filter Daemon Launcher服务、SQL Server Browser服务。用户针对每个服务选择相应的账户、设置密码和启动类型，常用的服务设置为自动启动（例如Database Engine），否则设为手动启动，如果根本用不到，也可以禁用，如图1.15所示。

15. 数据库引擎配置

在图1.15中单击"下一步"按钮，弹出"数据库引擎配置"对话框，如图1.16所示。配置数据库的验证模式，可以是Windows验证模式，也可以是混合模式。选择"Windows验证模式"时，SQL Server 使用 Windows 的安全机制。要连接到 SQL Server，用户必须具有一个有效的 Windows 用户账户，同时要获得操作系统的确认；选择"混合模式"时，用户可以使用 Windows 用户账户或者 SQL Server 登录账户连接到 SQL Server。在 SQL Server 验证模式下，必须输入并确认 SQL Server 系统管理员（sa）账户的密码，在安装了非 Windows 操作系统（如 Linux）和 Internet 环境下，必须使用此模式。建议选择"混合模式"，如图 1.16 所示。

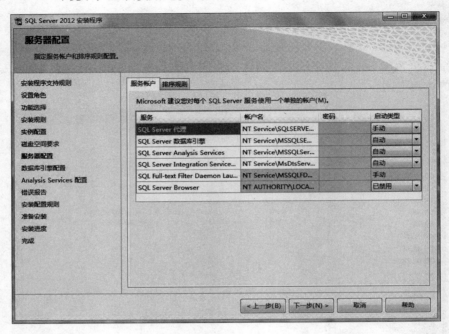

图 1.15　"服务器配置"对话框

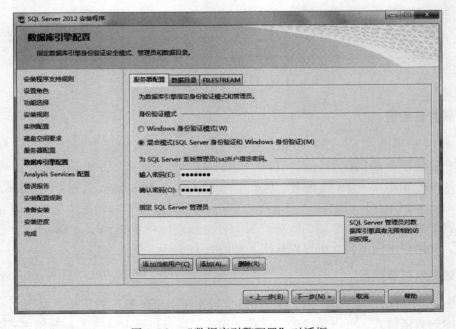

图 1.16　"数据库引擎配置"对话框

16. Analysis Services 配置

在图 1.16 中单击"下一步"按钮，弹出"Analysis Services 配置"对话框，如图 1.17 所示。用户在本页面指定 Analysis Services 服务器模式、管理员和数据目录。可以在多维和数据挖掘模式与表格模式中任选其一作为服务器模式，单击页面中的"添加当前用户"按钮，可以把当前操作系统用户的身份添加到按钮上方的文本框中，所添加用户即成为 Analysis Services 的管理员。

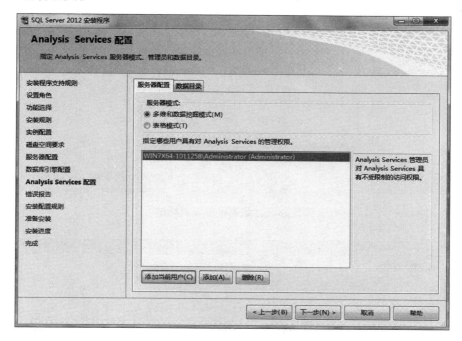

图 1.17　"Analysis Services 配置"对话框

17. 错误报告

在图 1.17 中单击"下一步"按钮，弹出"错误报告"对话框，如图 1.18 所示。用户在该页面可以选择是否将错误报告发送到 Microsoft 或报表服务器，但是该设置仅适用于以无用户交互方式运行的服务。用户也可以不选择该选项。

18. 安装配置规则

在图 1.18 中单击"下一步"按钮，弹出"安装配置规则"对话框，如图 1.19 所示。该页面中安装进程判断正在运行的规则是否正确，用户可以单击页面中"显示详细信息"按钮查看结果。

19. 准备安装

在图 1.19 中单击"下一步"按钮，弹出"准备安装"对话框，如图 1.20 所示。该页面主要显示安装清单，验证要安装的 SQL Server 2012 功能。

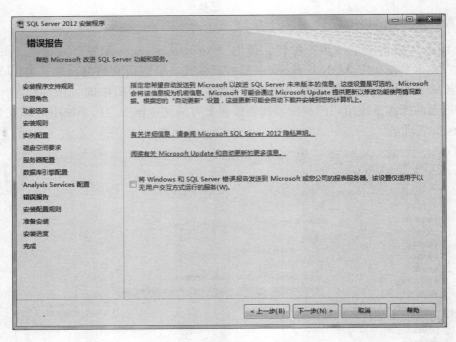

图 1.18　"错误报告"对话框

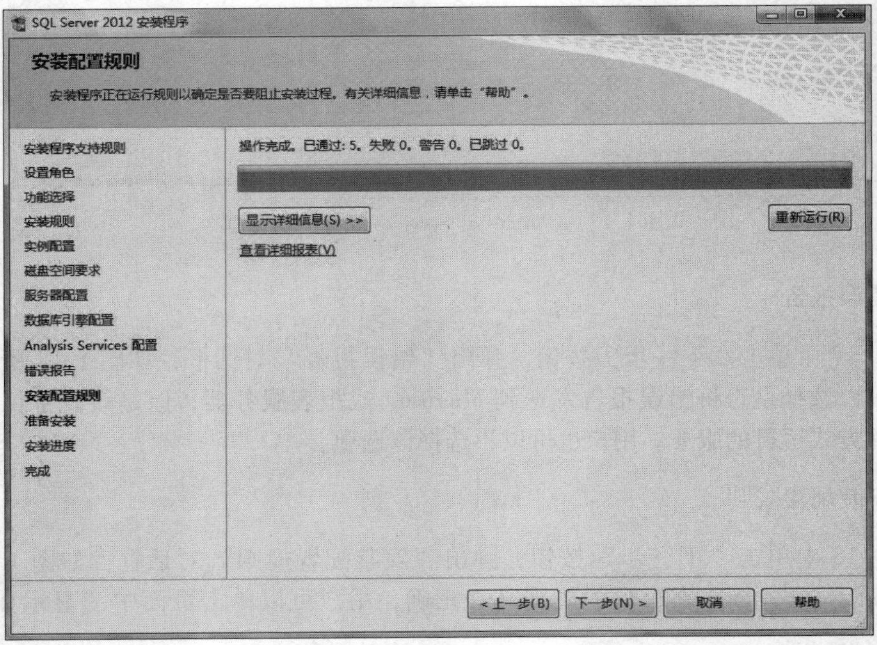

图 1.19　"安装配置规则"对话框

20. 安装进度

在图 1.20 中单击"下一步"按钮，弹出"安装进度"对话框，如图 1.21 所示。该页面进度条展示安装进度，安装进程会自动负责新文件、删除备份文件等。

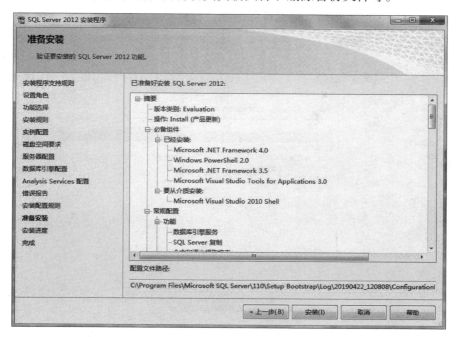

图 1.20 "准备安装"对话框

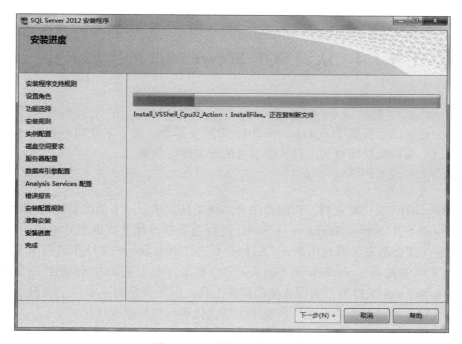

图 1.21 "安装进度"对话框

21. 完成安装

在图 1.21 中单击"下一步"按钮，弹出"完成"对话框，如图 1.22 所示。如果没有意外发生，则将完成安装任务，其摘要日志也相应地保存在本地磁盘中。如果安装不成功，系统将提示出错原因，必须按提示信息排除故障，直到安装成功。

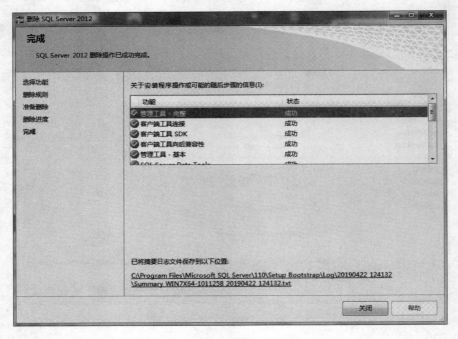

图 1.22 "完成"对话框

任务 1.4 认识 SQL Server 2012 的主要工具

【任务目标】

到目前为止，已经完成了 SQL Server 2012 的环境部署，接下来介绍 SQL Server 2012 的各种常用工具，为以后使用这些工具从事项目的开发做好准备。

【任务实施】

SQL Server 2012 成功配置后，提供给用户多种工具，结合图书借阅系统的设计需求，需要使用 Microsoft SQL Server Management Studio 进行数据库及相关数据库对象的创建和维护，SQL Server 事件探查器来观测 SQL Server 的运行状态，SQL Server 文档和教程工具主要是用户获取帮助文档的途径，Notification Services 命令提示工具主要是在 DOS 下命令通知时使用，Reporting Services 工具为报表服务器的配置工具，配置管理器主要用于管理各个数据库服务的状态设置、网络状态的设置，数据库引擎优化顾问是数据库优化的工具。

1.4.1 SQL Server 2012 管理平台

Microsoft SQL Server Management Studio 是 SQL Server 2012 提供的一个可视化图形集成管理平台，可用于访问、配置、控制、管理和开发 SQL Server 的所有组件。Management Studio

将 SQL Server 2000 中的企业管理器、查询分析器和 Analysis Integrated 功能整合在一起。不仅可以用图形方式操作完成各项任务，还可以编写、分析编辑和运行 T – SQL、MDX、DMX、XML 等脚本。Management Studio 中的对象资源管理器具有查看和管理所有服务器类型的对象的功能。

下面简要介绍 Management Studio 的使用方法。

（1）在菜单栏中选择"开始"|"程序"|"Microsoft SQL Server 2012"|"SQL Server Management Studio"命令，弹出"连接到服务器"对话框，如图 1.23 所示。

图 1.23 "连接到服务器"对话框

在此对话框中，用户可以选择要连接的服务器类型、服务器名称和身份验证方式。如果选择混合模式身份验证，用户需要输入用户名和密码。另外，用户也可以通过单击"选项"按钮，出现"连接属性"选项卡，在此选项卡中设置高级连接参数，比如设置用户连接服务器后默认的数据库，或设置客户机和服务器连接尝试的最长时间等。这里保持默认设置，再单击"连接"按钮，与服务器进行连接。

连接成功后，系统出现"Microsoft SQL Server Management Studio"窗口，如图 1.24 所示。

图 1.24 Management Studio 中的 3 个组件窗口

① "对象资源管理器"窗口：在 Management Studio 左部分，是服务器中所有数据库对象的树状目录结构图。此树状图可以包括 SQL Server Database Engine、Analysis Services、Reporting Services、Intergration Services 和 SQL Server Mobile 的数据库。对象资源管理器包括与其连接的所有服务器的信息。打开 Management Studio 时，系统会提示对象资源管理器连接到上次使用的设置。用户可以在"已注册的服务器"组件中双击任意服务器进行连接，但不需要注册要连接的服务器。

② "文档"窗口：在 Management Studio 中间部分，用于可以在文档中编写数据库代码，即查询编辑器。

③ "属性"窗口：在 Management Studio 右部，在默认情况下，显示已与当前数据库引擎实例连接的"摘要"页。

（2）查询工具的使用。在 SQL Server Management Studio 中支持使用 T–SQL 来交互式查询和更改数据。对于 T–SQL 语句的编辑、执行，就是在 SQL Server Management Studio 中通过"文档"窗口和查询菜单命令或查询工具来进行的。

SQL Server 管理平台中的查询工具栏（图 1.25）包括的工具按钮主要有以下几个：

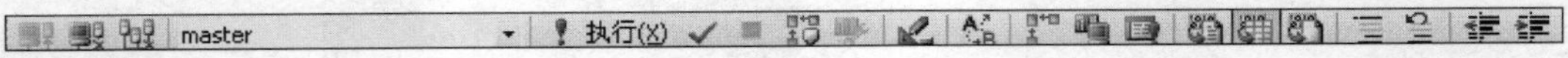

图 1.25　查询工具栏

① 连接：打开"连接到服务器"对话框，与服务器建立连接；

② 断开连接：断开当前查询编辑器与服务器之间的连接；

③ 更改连接：打开"连接到服务器"对话框，建立与其他服务器之间的连接；

④ master 可用数据库：选择当前工作数据库；

⑤ 执行(X) 执行查询：执行所选代码。如果没有选代码，就执行当前查询编辑器中的全部代码；

⑥ 分析：对所选代码进行语法检查；

⑦ 取消执行查询：要求服务器取消正在执行的查询；

⑧ 显示估计的执行计划：将正在执行的语句的执行计划显示出来；

⑨ 在数据库引擎优化顾问中分析查询：分析所执行查询的优化程度；

⑩ 在编辑器中设计查询：启动查询设计器，在其中设计查询；

⑪ 指定模板参数的值：执行查询过程中，为指定的模板参数赋值；

⑫ 包括实际的执行计划：执行查询，返回结果，并在"执行计划"窗口中显示该查询的执行计划；

⑬ 包括客户端统计信息：出现"客户端统计信息"窗口，显示有关的配置文件统计信息、网格统计信息和时间统计信息等；

⑭ SQL CMD 模式：以命令的形式执行 SQL 语句；

⑮ 以文本格式显示结果：在"结果"窗口中以文本方式显示查询的结果；

⑯ 以网格显示结果：在"结果"窗口中以网格方式显示查询的结果；

⑰ 🖫 将结果保存到文件：将查询的结果保存到文件中；

⑱ ☰ 注释选中行：将所选行设为注释；

⑲ ≧ 取消对选中行的注释：取消注释。

1.4.2 SQL Server 事件探查器

SQL Server 事件探查器用于监督、记录和检查 SQL Server 2012 在运行过程中产生的事件，如数据库的使用情况等。事件可以保存在一个跟踪文件中，在试图诊断某个问题时，重复某一系列的步骤，也可用于在适当的时候对跟踪文件进行分析。

1.4.3 数据库引擎优化顾问

数据库引擎优化顾问主要用于数据库性能的优化，而且用户不需要专业知识也能对数据库进行优化，因为所有的优化操作都由数据库引擎优化顾问自动完成。

数据库引擎优化顾问的工作机制是：先指定要优化的一个或一组数据库，然后启动优化顾问，优化顾问将对数据库数据访问的情况进行分析评估，如对工作负荷进行分析等，以找出可能导致性能下降的原因，生成文本格式或 XML 格式的分析报告，并给出优化建议。

1.4.4 SQL Server 文档和教程

为了帮助数据库管理员和开发人员了解 SQL Server 2012 以及更好地使用 SQL Server 2012，本书在 SQL Server 2012 中提供了相关文档和教程，为数据库管理员和开发人员提供丰富的帮助信息。

文档和教程包括 SQL Server 2012 联机丛书、SQL Server 2012 教程联机丛书和对"帮助"的辅助文档 3 个方面，采用的是 HTML 格式。其具有索引和全文搜索能力，并可根据关键词来快速查找所需信息。

1.4.5 Notification Services 命令提示

Notification Services 命令提示（通知服务命令提示）用于直接切换到 DOS 命令行状态下的通知服务的执行目录。在该目录下有两个可执行文件——NSSERVICE. EXE 和 NSCOUN-TROL. EXE，分别用于启动通知服务和管理通知服务。

1.4.6 Reporting Services 配置

Reporting Services 配置（报表服务配置）用于配置和管理 SQL Server 2012 的报表服务器。单击"开始"菜单，鼠标依次指向"程序"｜"Microsoft SQL Server 2012"｜"配置工具"，再单击"Reporting Services 配置"按钮，出现"选择报表服务器安装实例"对话框，如图 1.26 所示。

图 1.26 "选择报表安装实例"对话框

在此对话框中选择计算机名称和实例名后，单击"连接"按钮，出现"配置报表服务器"窗口。用户可以在"配置报表服务器"窗口中完成对 SQL Server 2012 报表服务器的各种管理和配置操作。

1.4.7 SQL Server 配置管理器

SQL Server 配置管理器如图 1.27 所示，用于管理与 SQL Server 相关联的服务、配置 SQL Server 使用的网络协议及进行客户端网络连接配置。实际上，SQL Server 配置管理器整合了 SQL Server 2000 中的服务管理器、服务器网络实用工具和客户端网络实用工具 3 个工具的功能。

图 1.27 SQL Server 配置管理器

（1）SQL Server 2012 服务。在 SQL Server 配置管理器中"树"结构下选择"SQL Server 配置管理器（本地）"节点下的"SQL Server 2012"服务选项，可以查看和管理 SQL Server 2012 的服务，其功能就是 SQL Server 2000 中的服务管理器。选择某项服务，单击鼠标右键，可以通过弹出的快捷菜单对服务进行实时启动、停止、暂停、恢复、重新启动操作，或查看服务的属性。

（2）SQL Server 2012 网络配置。在 SQL Server 配置管理器中"树"结构下选择"SQL Server 配置管理器（本地）"节点下的"SQL Server 2012 网络配置"选项，可以查看和管理 SQL Server 2012 服务器上的网络协议，其功能就是 SQL Server 2000 中服务器网络实用工具。

（3）SQL Native Client 配置。在 SQL Server 配置管理器中"树"结构下选择"SQL Server 配置管理器（本地）"节点下的"SQL Native Client 配置"选项，可以查看和管理 SQL

Server 2012 客户机上的与服务器通信的网络协议和配置的别名。其功能就是 SQL Server 2000 中的客户端网络实用工具。

1.4.8 SQL Server 错误和使用情况报告

"错误和使用情况报告设置"窗口如图 1.28 所示，用户可以根据实际情况设置或不设置将 SQL Server 2012 组件、实例的错误报告和使用情况报告发送到微软公司。

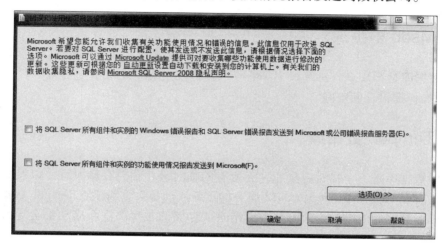

图 1.28 "错误和使用情况报告设置"窗口

任务 1.5 认识 SQL Server 2012 系统数据库

SQL Server 2012 服务器要完成各种管理任务，要管理各种数据库。这些数据库就是系统数据库。默认情况下，SQL Server 2012 服务器要建立 5 个系统数据库。

1.5.1 Master 数据库

Master 数据库是 SQL Server 2012 中最重要的数据库，存储的是 SQL Server 2012 的系统信息，包括实例范围的元数据（例如登录账户）、端点、链接服务器和系统配置设置。此外，Master 数据库还记录所有其他数据库是否存在，以及这些数据库文件的位置、SQL Server 2012 的初始化信息。

因此，如果 Master 数据库不可用，则 SQL Server 就无法启动。由于 Master 数据库的重要性，所以不建议对其直接访问，并要确保在修改之前有完整的备份。

在使用 Master 数据库时，要注意以下问题：

（1）始终有一个 Master 数据库的当前备份可用。

（2）执行下列操作后，需要尽快备份 Master 数据库：创建、修改或删除数据库，更改服务器或数据库的配置值，修改或添加登录账户。

（3）不要在 Master 数据库中创建用户对象。否则，必须更频繁地备份 Master 数据库。

1.5.2　Model 数据库

Model 数据库存储了所有用户数据库和 Tempdb 数据库的模板。它包含有 Master 数据库的系统数据表的子集，这些子集用来创建用户数据库。DBA 可以修改 Model 数据库的对象或者权限，这样新创建的数据库就将继承 Model 数据库的对象和权限。

1.5.3　Msdb 数据库

Msdb 数据库是 SQL Server 2012 代理服务使用的数据库，为警报、作业、任务调度和记录操作员的操作提供存储空间。

1.5.4　Tempdb 数据库

Tempdb 数据库是一个临时数据库，为所有的临时表、临时存储过程，以及其他的临时操作系统的空间。每次 SQL Server 2012 服务的重新启动都会重新建立 Tempdb 数据库。也就是说，Tempdb 数据库的数据是暂时的，不是永久存储的，每次重新启动都会导致以前的数据丢失。

1.5.5　Mssqlsystemsource（资源）数据库

系统资源数据库的默认名称为 Mssqlsystemsource，是一个只读数据库。它包含了 SQL Server 2012 中的所有系统对象。在系统资源数据库中不包含用户数据或用户元数据。系统资源数据库的物理文件名为 Mysqlsystemresource. mdf。

默认情况下，此文件保存在"C：\Program Files\Microsoft SQL Server\MSSQL. 1\MSSQL\Data"目录下。一般情况下，不要移动或重命名资源系统数据库的数据文件。如果该文件已重命名或移动，SQL Server 将无法启动。

不要将系统资源数据库放置在压缩或加密的 NTFS 文件系统文件夹中。此操作会降低性能并阻止升级。

每个 SQL Server 2012 实例都具有唯一的一个资源系统数据库。

SQL Server 系统对象（例如 sys. objects 表）在物理上保存在资源数据库中，但在逻辑上，它们出现在每个数据库的系统表中。

【项目任务拓展】

研究学习电子商务平台的软硬件搭建环境，根据学习分析图书在线销售系统所需要的软硬件环境，选择合适的数据库，并为设计该数据库部署恰当的工作环境。

创建借阅系统数据库

【子项目背景】

T 大学已经部署了 SQL Server 2012 数据库管理系统，服务器的硬盘配置如图 2.1 所示。

名称	类型	总大小	可用空间
▲ 硬盘 (4)			
💾 系统盘 (C:)	本地磁盘	107 GB	19.6 GB
📁 数据盘1 (D:)	本地磁盘	92.8 GB	52.5 GB
📁 数据盘2 (F:)	本地磁盘	139 GB	99.0 GB
📁 共享文件 (G:)	本地磁盘	100 GB	23.8 GB

图 2.1　服务器的硬盘配置

如何根据这一情况，创建一个数据库，为借阅系统项目提供恰当的数据管理平台，使其能满足借阅系统项目数据的录入、修改、删除和查询等操作。

【任务分析】

为了更快捷便利地实现借阅数据的数据库管理，必须首先要搞清楚以下问题：

（1）数据库是什么样子的？

（2）数据库保存在哪里？

（3）如何创建借阅系统项目的 SQL Server 2012 数据库？为了更好地解决问题，较好地完成任务，分析了 T 大学的借阅系统项目的需求，确定在创建数据库阶段完成任务的关键点如表 2.1 所示。

表 2.1　创建借阅系统项目数据库任务分解

序号	名　　称	任　务　内　容	方　法	目　　标
1	确定项目数据库的构成	了解数据库的逻辑存储、物理存储结构以及物理文件的构成等	讲解	确定本项目的数据库文件构成
2	创建数据库	使用图形工具和 SQL 语句创建数据库	边讲边练	学会使用两种方法创建、修改、删除数据库
3	规划数据库	了解规划数据库的基本原则	讲解	了解规划数据库的基本原则

任务 2.1 确定项目数据库的构成

【任务目标】

根据对数据库的认识及 T 大学的服务器磁盘情况和开发需求来确定借阅系统项目的数据库构成。

【任务实施】

数据库的存储结构分为逻辑存储结构和物理存储结构两种。逻辑存储结构是指数据库中都包含哪些对象以及这些对象都可以实现什么样的功能。物理存储结构是指数据库文件是如何存储在磁盘上的。

2.1.1 数据库的逻辑存储结构

SQL Server 的数据库不仅是数据的存储，所有与数据处理操作相关的信息都存储在数据库中。实际上，SQL Server 的数据库是由表、视图、索引等各种不同的数据库对象所组成的，它们分别用来存储特定信息并支持特定功能，构成数据库的逻辑存储结构。SQL Server 中包含的对象以及各对象的简要说明如表 2.2 所示。

表 2.2　SQL Server 数据库对象表

数据库对象	说　　明
表	由行和列构成的集合，用来存储数据
数据类型	定义列或变量的数据类型，SQL Server 提供了系统数据类型，并允许用户自定义数据类型
视图	由表或其他视图导出的虚拟表
索引	为数据快速检索提供支持且可以保证数据唯一的辅助数据结构
约束	用于为表中的列定义完整性
默认值	为列提供的默认值
存储过程	存放于服务器的一组预先编译好的 SQL 语句
触发器	特殊的存储过程，当用户表中数据改变时，该存储过程被自动执行

用户经常需要在 T – SQL 中引用 SQL Server 对象对其进行操作，这些引用的对象名都是逻辑名。

2.1.2 数据库的物理存储结构

SQL Server 中的物理存储结构主要有文件、文件组、页和盘区等，主要描述了 SQL Server 如何为数据库分配存储空间。在创建数据库时了解 SQL Server 如何存储数据，也是非常重要的，将有助于规划和分配数据库的磁盘容量。

1. 数据库文件

SQL Server 中的每个数据库都由多个数据文件组成，数据库的所有数据、对象和数据库操作日志均存储在这些操作系统文件中。根据这些文件的作用不同，可以将它们划分为以下两类三种。

1）数据文件

（1）主数据文件：主数据文件简称为主文件，正如其名字所示，该文件是数据库的关键文件，包含了数据库的启动信息，并且存储部分或全部数据，每个数据库必须有且只能有一个主数据文件，其默认文件的扩展名为 .mdf。

（2）辅助数据文件：辅助数据文件简称辅（助）文件，用于存储未包括在主文件内的其他数据。辅助文件的默认扩展名为 .ndf。辅助文件是可选的，根据具体情况，可以创建多个辅助文件，也可以不用辅助文件。当数据库较大时，有可能需要创建多个辅助文件；数据库较小时，则只要创建主文件，而不需要创建辅助数据文件。

2）日志文件

日志文件用于保存恢复数据库所需的事务日志信息。在其中记录的是数据库的变化，也就是执行 Insert、Update 和 Delete 等对数据库中数据进行修改的语句都会记录在此文件中，而如 Select 等对数据库内容不发生更改的语句则不会记录在该文件中，特别需要注意的是大容量数据查询也会记录在日志文件中。每个数据库至少有一个日志文件，也可以有多个。日志文件的扩展名是 .ldf。日志文件的大小至少是 512 KB 。

【特别说明】

（1）SQL Server 2005 以上版本的数据库管理系统中创建的数据库可以有多个主数据文件。

（2）SQL Server 不强制使用 .mdf、.ndf 和 .ldf 文件扩展名，但使用它们有助于标识文件的各种类型和用途。

（3）创建一个数据库后，该数据库中至少包含上述主文件和日志文件。这些文件的名字是操作系统文件名，它们不是由用户直接使用的，是由系统使用的，而用户直接在 T－SQL 语句中使用的是数据库的逻辑名。例如 Master 数据库，Master 为其逻辑名，而对应的物理文件名为 master. mdf，其日志文件名为 mastlog. ldf。

2. 数据库文件组

文件组是为了管理和分配数据而将文件组织在一起，通常可以为一个磁盘驱动器创建一个文件组，然后将特定的表、索引等与该文件组关联，那么对这些表的存储、查询、修改等操作都在该文件组中。使用文件组可以提高表中数据的查询性能。有两种类型的文件组：

（1）主文件组：主文件组包含主数据文件和任何没有明确分配给其他文件组的其他文件。系统表均分配在主文件组中。

（2）用户定义文件组：用户定义文件组是通过在 CREATE DATABASE 或 ALTER DATA-BASE 语句中使用 FILEGROUP 关键字指定的任何文件组。

【特别说明】

（1）一个文件只能属于一个文件组，表、索引和大型对象数据可以与指定的文件组相关联。

（2）日志文件不包括在文件组内。

（3）日志空间与数据空间分开管理。

（4）每个数据库中均有一个文件组被指定为默认文件组，SQL Server 中的默认文件组为 primary。

（5）如果创建表或索引时未指定文件组，则将假定所有页都从默认文件组分配。一次只能有一个文件组作为默认文件组。用户可以将默认文件组从一个文件组切换到另一个。如果没有指定默认文件组，则将主文件组作为默认文件组。

3. 创建数据库的参数

了解完数据库的文件组成后，下面介绍数据库各个参数的含义，以便在创建数据库时能做出相应的选择和设计，如表 2.3 所示。

表 2.3　数据库参数

参数名	必选	说　明	建　议
主文件逻辑名 （主要数据文件）	是	默认文件名：数据库名称	存放于非系统磁盘分区中
主文件物理名 （主要数据文件）	是	默认路径：安装路径\MSSQL\DADA 默认文件名：数据库名称.mdf	存放于非系统磁盘分区中
辅助文件逻辑名 （次要数据文件）	否	默认文件名：数据库名称_data	保存在与主文件不同的物理磁盘和文件组中
辅助文件物理名 （次要数据文件）	否	默认路径：安装路径\MSSQL\DADA 默认文件名：数据库名称.ndf	保存在与主文件不同的物理磁盘和文件组中
事务日志逻辑名 （日志文件）	是	默认文件名：数据库名称 log	有且只有一个，最好与数据文件存放在不同的物理磁盘中
事务日志物理名 （日志文件）	是	默认路径：安装路径\MSSQL\DADA 默认文件名：数据库名称_log.ldf	有且只有一个，最好与数据文件存放在不同的物理磁盘中
数据库文件大小		指定每个数据文件和日志文件的大小， 初始大小与 model 数据库中使用的值相同	根据要保存的数据的大小确定文件大小
数据库文件增长方式		指定文件的增长方式	启用"自动增长"
数据库文件最大值		指定文件可增长的最大值	建议根据硬盘配置和业务数据的具体情况指定最大值
排序规则		指定数据的排序规则	取默认值

表 2.3 中的数据库文件大小、数据库文件增长方式、数据库文件最大值是每个数据库文件的属性，用户可自行选择根据需求进行设置，排序规则是数据库的属性，可取默认值。

任务 2.2　创建借阅系统数据库

【任务目标】

根据服务器的硬盘配置情况，分别使用图形管理工具和 SQL 语句，创建借阅系统项目数据库。

【任务实施】

在 SQL Server 2012 中创建数据库有两种方法：使用 SQL Server 管理平台创建数据库和使用 SQL 语句创建数据库。不管使用什么方法创建数据库，都需要有一定的许可，即在 SQL Server 2012 中，只有系统管理员或数据库拥有者或者是已授予了使用 Create Database 权限的用户可以创建数据库。在数据库被创建后，创建数据库的用户自动成为该数据库的所有者。

1. 基本情况分析

借阅系统项目数据库的初始大小约为 5 MB，以每周约 20 MB 的增长速度，根据本子项目一开始介绍的该数据库服务器的硬盘配置情况，可以根据表 2.3 中的参数来规划借阅系统项目数据库。

（1）C 盘为系统盘，G 盘为共享文件盘，因此可选择 D 盘和 F 盘作为数据库的存储位置。

（2）增长速度为每周 20 MB，即每年约 1 GB，可以不需要辅助数据文件，将主文件安排在 D 盘，初始大小为 5 MB。

（3）事务日志保存在与数据文件不同的盘区，即 F 盘，可防止因硬件故障导致的数据丢失。

（4）最大值定义为硬盘可用空间的一半以内，这里可取 25 GB 左右。

（5）其他可取默认值。

2. 创建数据库

根据上面的分析，创建借阅系统项目数据库 bookmanager。

（1）在 SQL Server 管理平台中，在数据库文件夹或其下属任一用户数据库图标上单击鼠标右键，都可出现"新建数据库"菜单选项，选中后，出现图 2.2 所示的"新建数据库"对话框。

（2）在"常规"页框中，可以指定创建的数据库的名称，本项目创建的数据库的名称为 bookmanager，这个名称就是在访问数据库的对象时经常要用到的名称。此外，在这里还可以指定创建的数据库文件的属性，包括初始大小、自动增长方式等，其中自动增长方式属性说明如图 2.3 所示。

本对话框中，用户可以选择"启动自动增长"前的复选框，开启文件自动增长方式，否则数据库文件将保持其初始值大小不变。

用户可以对"文件增长"方式进行两种设置，按照百分比设置或者按照 MB 字节设置。用户也可以对数据库文件的最大大小进行设置，可以限制文件增长到某个值 MB 大小就停止自动增长，也可以不限制文件增长大小，则数据库文件会按照文件系统定义规则确定最大大小。

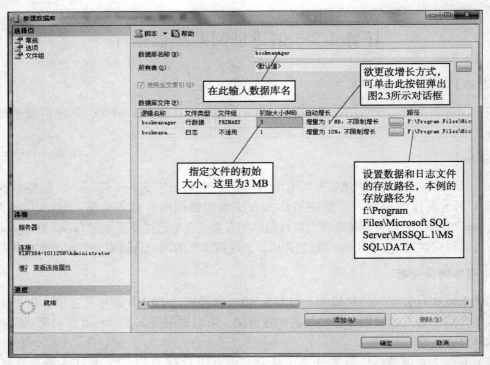

图 2.2　"新建数据库"对话框

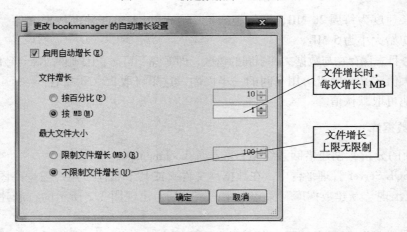

图 2.3　"更改 bookmanager 的自动增长设置"对话框

（3）在"选项"页框中，可以设置数据库的排序规则、恢复模式、兼容级别等信息，如图 2.4 所示。

图 2.4 中选择了服务器的默认排序规则，可以识别中文和英文字符。数据库恢复模式有 3 种选择：完整、大容量日志和简单。第一次创建借阅系统数据库，选择完整恢复模式。兼容级别处选择了 SQL Server 2008（100），主要方便不同版本编辑人员的操作和代码兼容性。

（4）在"文件组"页框中（图 2.5），可以设置文件组的属性，如是否只读，是否是默认值等。

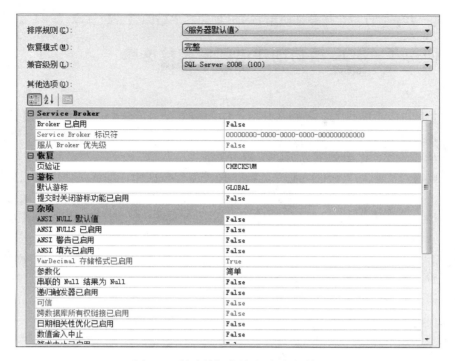

图 2.4　创建数据库的选项页对话框

图 2.5　创建数据库的文件组页对话框

（5）单击"确定"按钮，名为 bookmanager 的数据库就创建成功了。

任务 2.3　创建分布式借阅系统项目数据库

【任务目标】

　　根据对数据库的认识和 T 大学网络环境的部署，利用数据库语言 SQL 语句创建符合要求的借阅系统项目数据库。

【任务实施】

　　系统数据库设计人员根据用户需求，使用 DDL 语句进行数据库创建，数据定义语句是SQL 语句中的一部分，主要完成数据库及其对象的创建（create）、修改（alter）、删除

（drop）操作，本子项目主要任务是使用 create 创建图书借阅系统数据库。

2.3.1 使用 T–SQL 语句创建借阅系统数据库

1. 场景

T 大学由于规模不断扩大，分别在几个不同的城市设立了分校，为了提高对分校的管理效率，为其建立了数据库并实施信息管理。确定了各个分校的服务器配置情况，发现各个服务器的配置基本一致，做出如下分析。

虽然可以通过图形化界面的方法来为各个分校创建数据库，那就是使用远程连接到分校的服务器上，再按照任务 2.2 中的方法进行操作，但是这种方法将使工作效率大为降低。因为远程连接受到带宽的限制，图形化的操作界面运行起来并不流畅；同时，因为有多个分校，所以相同的操作需要运行多次，既影响速度又容易出错。

考虑到需要创建数据库服务器的配置基本相同，因此可以先在一家分校中创建数据库，并确认无误后，再将此创建数据库的 SQL 语句，分发到其他各个分校，只要这些语句能够成功执行，那么数据库就可以创建成功。

2. 使用 SQL 语句创建数据库

创建数据库的语法格式如下：

```
CREATE  DATABASE  database_name
[ON  [PRIMARY]/  [, < filegroup > [,...n]]        --指定文件组
    { < filespec > [,...n]}        ------指定数据文件属性
[LOG ON
    { < filespec > [,...n]}]        --指定日志文件属性
]
[COLLATE collation_name]
[WITH  < external_access_option >]
]
  其中：

< filespec > ::=        --定义数据文件或者日志文件的 5 个属性
{(
    NAME = logical_file_name,        --文件逻辑名
    FILENAME = 'os_file_name'        --文件物理名
    [, SIZE = size [KB | MB | GB | TB]]    --文件初始大小
    [, MAXSIZE = {max_size [KB | MB | GB | TB] | UNLIMITED}]    --文件最大大小
    [, FILEGROWTH = growth_increment [KB | MB | GB | TB | %]]    --文件增长方式
)[,...n]}

< filegroup > ::=        --定义文件组
{
FILEGROUP filegroup_name [DEFAULT]
    < filespec > [,...n]}        --定义文件组内的数据文件属性
```

参数说明如下：

（1）**database_name**：新数据库的名称。数据库名称在 SQL Server 的实例中必须唯一，并且必须符合标识符规则，最长为 128 个字符。单个 SQL Server 系统可以管理的数据库最多为 32 767 个。

（2）**ON PRIMARY**：指定数据文件存储于默认主文件组。在主文件组中不仅包含数据库系统表中的全部内容，而且还包含用户文件组中没有包含的全部对象。一个数据库只能有一个主文件组。如果没有指定 PRIMARY，那么 CREATE DATABASE 语句中列出的第一个文件将成为主文件。

（3）**LOG ON**：指定日志文件。LOG ON 后跟以逗号分隔的用以定义日志文件的 < filespec > 项列表。如果没有指定 LOG ON，将自动创建一个日志文件，其大小为该数据库的所有数据文件大小总和的 25% 或 512 KB，取两者之中的较大者。

（4）**COLLATE collation_name**：指定数据库的默认排序规则。排序规则名称既可以是 Windows 排序规则名称，也可以是 SQL 排序规则名称。如果没有指定排序规则，则将 SQL Server 实例的默认排序规则分配为数据库的排序规则。

（5）**< filespec >**：控制数据库文件属性。

①**logical_file_name**：引用文件时 SQL Server 中使用的逻辑名称。logical_file_name 必须在数据库中唯一，必须符合标识符规则。名称可以是字符或 Unicode 常量，也可以是常规标识符或分隔标识符。

②**'os_file_name'**：操作系统（物理）文件名称。是创建文件时由操作系统使用的路径和文件名。其基本构成为："存储路径\逻辑名 . 后缀"。

③**size**：文件的初始大小。如果没有为主文件提供 size，则数据库引擎将使用 model 数据库中的主文件的大小。如果指定了辅助数据文件或日志文件，但未指定该文件的 size，则数据库引擎将以 1 MB 作为该文件的大小。为主文件指定的大小至少应与 model 数据库的主文件大小相同。可以使用千字节（KB）、兆字节（MB）、千兆字节（GB）或兆兆字节（TB）后缀。默认为 MB。指定一个整数，不包含小数位。

④**max_size**：最大的文件大小。可以使用 KB、MB、GB 和 TB 后缀。默认为 MB。指定一个整数，不包含小数位。如果未指定 max_size，则文件将一直增大，直至达到操作系统文件系统中规定单个文件的最大大小为止。

⑤**UNLIMITED**：指定文件最大大小不受限制。在 SQL Server 2012 中，指定为不限制增长的日志文件的最大大小为 2 TB，而数据文件的最大大小为 16 TB。

⑥**FILEGROWTH**：指定文件的自动增量比例。文件的 FILEGROWTH 设置不能超过 MAXSIZE 设置。

⑦**growth_increment**：每次需要新空间时为文件添加的空间量。该值可以 MB、KB、GB、TB 或百分比（%）为单位指定。如果未在数字后面指定 MB、KB 或%，则默认值为 MB。如果指定%，则增量大小为发生增长时文件大小的指定百分比。指定的大小舍入为最接近的 64 KB 的倍数。如果未指定 FILEGROWTH，则数据文件的默认值为 1 MB，日志文件的默认增长比例为 10%，并且最小值为 64 KB。

（6）**filegroup_name**：文件组的逻辑名称。filegroup_name 必须在数据库中唯一，名称

必须符合标识符规则。

（7）**DEFAULT**：指定命名文件组为数据库中的默认文件组。

3. 任务编码

（1）在一家分校创建数据库，编写创建数据库的 SQL 代码。

创建图书借阅系统的数据库，数据库名：BKManage，主数据文件：名称为 bkmanage_data1，其初始大小为 150 MB，最大大小为 500 MB，自动增长方式按照 15 MB 比例，存储于 D 分区。日志文件：名称 bkmanage_log1，其初始大小为 50 MB，最大大小为 150 MB，自动增长方式按照 15% 比例，存储于 F 分区。

```
use master                                 --切换至 master 数据库
go                                         --批处理结束
CREATE DATABASE BKManage                   --创建数据库的名称为 BKManage
ON primary                                 --文件组的名称为 Primary，也可以是自定义文件组
(                                          --以下括号内是数据文件的信息
    NAME = 'bkmanage_data1',               --逻辑名称
    FILENAME = 'd：\sql server\bkmanage_data1.mdf',   --物理名称
    SIZE = 5MB,                            --文件初始大小
    MAXSIZE = 25GB,                        --文件的最大值
    FILEGROWTH = 20MB                      --文件的增长方式
)
LOG ON                                     --以下括号内是日志文件的信息
(
    NAME = 'bkmanage_log1',                --逻辑名称
    FILENAME = 'F：\sql server\bkmanage_log1.ldf',    --物理名称
    SIZE = 1MB,                            --文件初始大小
    MAXSIZE = unlimited,                   --文件的最大值
    FILEGROWTH = 1MB                       --文件的增长方式
)
go
```

（2）将编写好并试验成功的代码发送到各个分校的服务器上执行，生成各个分校的数据库。

【特别说明】每个数据库服务器的一个实例中，数据库名称是唯一的，由于在任务 2.2 中使用操作平台创建了 bookmanager 数据库，因此在使用 SQL 语句创建时调整了数据库名称为 BKManage。

2.3.2 使用 T－SQL 语句修改借阅系统数据库

1. 场景

因为不同分校的业务量不同，数据库的增长速度也不同，其中有些分校的数据文件增长

较快，已差不多占了硬盘空间的70%。为了解决这一问题，总校决定为每个分校增加硬盘，并为各数据库添加辅助文件，同时，将新增加的文件保存到新添加的硬盘中。

添加硬盘由各分校完成，添加辅助文件，为了提高效率，采用 SQL 语句的形式。

为了较好地协调新、旧硬盘的数据分配，可以采取如下方法：

（1）新增文件组 Second。

（2）统一新增硬盘的盘符为 H。

（3）将新增的辅助文件保存到 H 盘，并属于文件组 Second。

（4）采用 Alter Database 语句实现上述功能。

2. 使用 SQL 语句修改数据库

Alter Database 语句的语法格式如下：

```
ALTER DATABASE database_name
{
    < add_or_modify_files >                        ——添加或者修改数据库文件
    | < add_or_modify_filegroups >                 ——添加或者修改文件组
    | MODIFY NAME = new_database_name              ——给数据库重命名
}
```

其中：

```
< add_or_modify_files > : : =                      ——对于数据文件和日志文件的修改语句
{
    ADD FILE  < filespec >  [ ,. . . n ]           ——增加数据文件
        [ TO FILEGROUP { filegroup_name | DEFAULT } ]   ——向某文件组增加数据文件
    | ADD LOG FILE  < filespec >  [ ,. . . n ]     ——增加日志文件
    | REMOVE FILE logical_file_name                ——删除数据文件
    | MODIFY FILE  < filespec >                     ——修改数据库文件
}

< add_or_modify_filegroups > : : =                 ——对于文件组的修改语句
{
    | ADD FILEGROUP filegroup_name                 ——增加文件组
    | REMOVE FILEGROUP filegroup_name              ——删除文件组
    | MODIFY FILEGROUP filegroup_name              ——修改文件组
        { < filegroup_updatability_option >        ——对文件组设置只读或读/写属性
        | DEFAULT                                   ——将文件组设置为默认文件组
        | NAME = new_filegroup_name                ——修改文件组名
        }
}
```

其描述为：

（1）**ADD FILE** ：将数据文件添加到数据库。

（2）**TO FILEGROUP** {**filegroup_name** | **DEFAULT**} ：指定要将指定文件添加到的文

件组。如果指定了 DEFAULT，则将文件添加到当前的默认文件组中。

（3）**ADD LOG FILE**：将要添加的日志文件添加到指定的数据库。

（4）**REMOVE FILE logical_file_name**：从 SQL Server 的实例中删除逻辑文件说明并删除物理文件。除非文件为空，否则无法删除文件。

（5）**logical_file_name**：在 SQL Server 中引用文件时所用的逻辑名称。

（6）**MODIFY FILE**：指定应修改的文件。一次只能更改一个 ＜filespec＞ 属性。必须在 ＜filespec＞ 中指定 NAME，以标识要修改的文件。如果指定了 SIZE，那么新大小必须比文件当前大小要大。若要修改数据文件或日志文件的逻辑名称，请在 NAME 子句中指定要重命名的逻辑文件名称，并在 NEWNAME 子句中指定文件的新逻辑名称。

（7）**ADD FILEGROUP filegroup_name**：将文件组添加到数据库。

（8）**REMOVE FILEGROUP filegroup_name**：从数据库中删除文件组。除非文件组为空，否则无法将其删除。首先通过将所有文件移至另一个文件组来删除文件组中的文件，如果文件为空，则可通过删除文件实现此目的。

（9）**MODIFY FILEGROUP filegroup_name，｛＜filegroup_updatability_option＞，｜DEFAULT，｜NAME＝new_filegroup_name｝**：通过将状态设置为 READ_ONLY 或 READ_WRITE、将文件组设置为数据库的默认文件组或者更改文件组名称来修改文件组。

（10）**＜filegroup_updatability_option＞**：对文件组设置只读或读/写属性。

（11）**DEFAULT**：将默认数据库文件组更改为 filegroup_name。数据库中只能有一个文件组作为默认文件组。有关详细信息，请参阅了解文件和文件组。

（12）**NAME＝new_filegroup_name**：将文件组名称更改为 new_filegroup_name。

（13）**MODIFY NAME＝new_database_name**：修改数据库的名称，改后的新名称为 new_database_name。

3. 任务编码

（1）使用 SQL 语句进行数据库 BKManage 维护，满足日益增加的数据量的需求，增加文件组 Second。

```
Alter Database BKManage
Add FileGroup Second
```

（2）在文件组 Second 中添加辅助数据文件，在新加载的硬盘 H 中建立名称为 bkmanage_Data2 的辅助数据文件，其初始大小为 10 MB，按照 10 MB 自动增长，最大大小不限制。

```
Alter Database BKManage
add file
( Name = 'bkmanage_Data2',
    FileName = 'h:\sql server\bkmanage_Data2. ndf',
    Size = 10MB,
    FileGrowth = 10MB)
to filegroup［second］
```

（3）将编写好并试验成功的代码发送到各个分校的服务器上执行。

任务 2.4 数据库的简单管理

【任务目标】

能使用图形化工具和 SQL 语句完成数据库的简单管理任务：重命名、删除、分离和附加。

【任务实施】

借阅系统设计人员完成数据库的创建和修改后，考虑到借阅系统数据库可能存在的数据一致性的问题，也为管理和维护数据库的存储内容，决定对借阅系统数据进行简单的管理，结合 SQL Server 提供的操作平台和语句操作两种不同的形式，展开数据库的重命名、删除、分离和附加的操作。

2.4.1 使用图形化工具管理数据库

1. 数据库的重命名和删除

1）任务内容

将数据库 bookmanager 重命名为 bookmanager1，然后将其删除。

2）分析

可以使用图形化工具和 SQL 语句来完成，这里先介绍使用图形化工具来完成这一任务。

3）完成过程

（1）重命名。

在对象资源管理器中用鼠标右键单击数据库名称"bookmanager"，在弹出的菜单中单击"重命名"，如图 2.6 所示，然后输入新的数据库名称：bookmanager 1，其结果如图 2.7 所示。

图 2.6 重命名数据库选项

图 2.7 数据库重命名结果

【思考】执行重命名操作后，数据库的显示名修改了，那么它的数据库文件的名字改了吗？

打开重命名后的数据库 bookmanager 1，查看它的属性，如图 2.8 所示。

图 2.8　数据库重命名后数据文件的名称属性

由结果图看出，虽然数据库的显示名修改为 bookmanager 1，但是数据文件和日志文件的逻辑名、物理名都没有修改。

（2）删除数据库。

在对象资源管理器中用鼠标右键单击数据库的名字 bookmanager 1，在弹出的菜单中单击"删除"，如图 2.9 所示，即可完成数据库的删除任务。

图 2.9　删除数据库选项

2. 数据库的分离和附加

1）场景

为了能尽快地完成借阅系统项目的开发，决定将借阅系统项目的数据库部署到笔记本电脑中，以方便在家中完成项目的开发。

2）分析

可以采用两种方法来完成这项任务，一种是备份和还原，第二种方法更为简单快捷，那就是分离和附加，这里采用分离和附加来完成这一任务。

3）完成过程

（1）数据库分离。

分离就是将数据库文件和数据库管理系统分开，使用户可以像复制其他简单数据文件一样将数据库相关文件（数据文件和日志文件）复制到其他存储介质上，如 U 盘等。

分离数据库需要对数据库有独占访问权限，如果要分离的数据库正在使用中，则必须先将数据库设置为 SINGLE_USER 模式以获取独占访问权限，然后才能对其进行分离。

分离之前，必须记下要分离的数据库相关文件的存储位置。

可以通过用鼠标右键单击数据库名称 bookmanager 1，在弹出的菜单中选择"属性"，然后在页面左侧选择页处单击"文件"选项卡中查看，如图 2.10 所示。

记下图 2.10 所示的路径和文件名后，就可以开始对数据库进行分离了。操作方法是在对象资源管理器中用鼠标右键单击数据库名称，在弹出的菜单中依次选择"任务""分离"，如图2.11所示，然后在弹出的菜单中单击"确定"按钮。分离成功后，即可将数据库的相关文件复制到移动存储设备中。

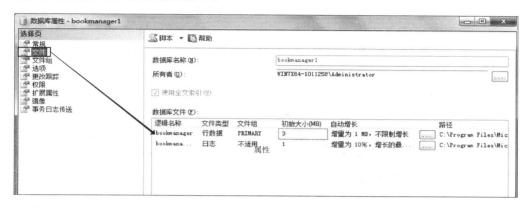

图2.10　数据库文件属性

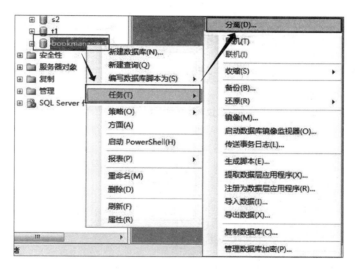

图2.11　分离数据库

（2）数据库附加。

将移动存储设备中的数据库文件复制到目标计算机的合适位置（最好不要与系统盘同区，并且建立一个文件夹），即可进行附加。

在对象资源管理器中，用鼠标右键单击"数据库"，在弹出的菜单中选择"附加"，如图2.12所示。此时系统会弹出一个对话框，如图2.13所示，单击"添加"按钮，选择要附加的数据库的数据文件book-manager. mdf，系统会自动找到相应的日志文件，确认无误后，单击"确定"按钮，完成附加任务。

图2.12　附加菜单选择

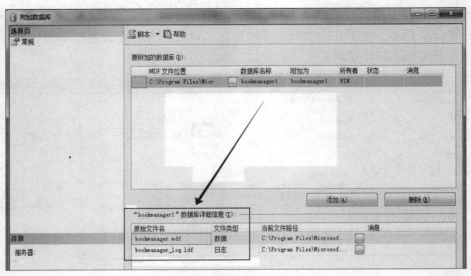

图 2.13 "附加数据库"对话框

2.4.2 使用 T-SQL 语句管理数据库

在下面的任务中，使用 SQL 语句管理数据库，完成与任务 2.4.1 一样的数据库重命名、删除、分离与附加几项管理操作。

使用 SQL 语句进行数据库删除的语句结构如下：

DROP DATABASE 数据库名

1. 数据库的重命名

将借阅系统项目数据库 bookmanager1 改为 bookmanager。

```
use master
go
sp_renamedb'bookmanager1','bookmanager'
```

2. 数据库的删除

删除数据库 bookmanager。

```
use master
go
drop database bookmanager
```

3. 数据库的分离

（1）设置数据库 BKManage 为单用户独占。

```
use master
go
alter database BKManage
set single_user              --改为单用户,即独占
go
```

上面的语句和下面的这句话具有同样的效果：

> exec sp_dboption db_BKManage,single_user,true　　——改为单用户，即独占

（2）使用存储过程 sp_detach_db 实现分离。

> exec sp_detach_db db_BKManage　　　　　　　——分离数据库

分离的数据库文件保存在该数据库创建时的数据文件和日志文件的存储路径中。

4．数据库附加

（1）找到要附加的数据库文件的存储路径。

> 该数据库的主文件存储路径：d:\sql server\

（2）使用存储过程 sp_attach_db 附加数据库文件。

> exec sp _attach_db @ dbname = BKManage,
> 　　　@ filename1 = 'd:\sql server\bkmanage_data1.mdf'　——主数据文件

这样就将分离的数据库重新附加到数据库管理系统的某个实例中。

任务 2.5　数据库的规划

数据库的规划工作，对于建立数据库系统，特别是大型数据库系统是非常必要的。数据库规划的好坏不仅直接关系到整个数据库系统的成败，而且对一个企业或部门的信息化建设进程都将产生深远的影响。

数据库规划时期应该完成的主要工作是确定数据库系统在企业或部门的计算机系统中的地位以及各个数据库之间的联系，从而对建立数据库的必要性和可行性进行分析。

当一个企业或部门确定要建立数据库系统之后，接着就要确定这个数据库系统与企业中其他部分的关系，因此，需要分析企业的基本业务功能，确定数据库支持的业务范围，是建立一个综合的数据库，还是建立若干个专门的数据库。

从理论上讲，可以建立一个支持企业全部活动的包罗万象的大型综合数据库，也可以建立若干个支持范围不同的公用或专用数据库。一般来讲，前者难度较大，效率也不高；后者比较分散，但相对灵巧，必要时可通过连接操作将有关数据连接起来，而数据的全局共享一般可利用建立在数据库上的应用系统来实现。

数据库规划工作完成以后，应写出详尽的可行性分析报告和数据库系统规划纲要，内容包括：信息范围、信息来源、人力资源、设备资源、软件及支持工具资源、开发成本估算、开发进度计划、现行系统向新系统转换计划，等等。

可行性分析报告和数据库系统规划纲要等资料应送交决策部门的领导，由他们组织召开有数据库技术人员、信息部门负责人、应用部门负责人和技术人员以及行政领导参加的评审会，对其进行评价。如果评审结果认为该系统是可行的，应立即成立由企业主要领导负责的数据库设计开发领导小组，以便协调各个部门在数据库系统建设中的关系，保证系统开发所需的人力、财力和设备，保证设计开发工作的顺利进行。

在进行数据库规划时应考虑多方面的因素，主要包括如下注意事项：

（1）数据存储的用途。OLTP 和 OLAP 数据库有着不同的用途，因此有着不同的设计

要求。

（2）事务吞吐量。OLTP 数据库对于每分钟、每小时或每天可处理的事务数量通常有着较高的要求。具有适当级别的规范化、索引和数据分区的有效设计，可达到极高程度的事务吞吐量。

（3）物理数据存储可能的增长。大量的数据需要相应的硬件进行支撑，包括内存、硬盘空间和中央处理单元（CPU）的能力。估计未来数月、数年数据量的情况，但自动文件增长可能影响性能，在大多数基于服务器的数据库解决方案中，应该创建具有适当文件大小的数据库，然后监视空间使用情况，并且只在必要时重新分配空间。

（4）文件位置：数据文件应配在多个磁盘上。主数据文件、辅助数据文件、事务日志文件：在独立磁盘上创建事务日志或使用 RAID；合理放置 Tempdb 数据库：可以将该数据库放置在一个从用户数据库中分离出来的快速 I/O 子系统上，以确保最优性能。

【项目任务拓展】

假设开发团队配置了一个服务器进行图书销售系统的设计，其硬盘配置情况如图 2.14 所示。

名称	类型	总大小	可用空间
本地磁盘 (C:)	本地磁盘	70.9 GB	49.0 GB
work (D:)	本地磁盘	117 GB	103 GB
back (E:)	本地磁盘	116 GB	62.3 GB
本地磁盘 (F:)	本地磁盘	161 GB	96.1 GB

图 2.14　图书销售项目服务器配置情况

该管理系统的初始文件大小为 50 MB，要求如下：

（1）数据文件和日志不同时存放在一个驱动器中。

（2）分别使用图形工具和 SQL 语句创建。

（3）该系统的数据每半年增长约 3 GB 左右。

请根据实际情况，确定数据库的文件存放位置，并选择合适的数据库文件参数来创建数据库。

创建借阅系统数据表
和组织表数据

【子项目背景】

T 大学已经部署了 SQL Server 2012 的数据库管理系统，并创建了本项目所需的 BKManage 数据库，但是如何将现有的图书借阅和管理数据进行电子化统计呢？也就是如何组织这些数据到 BKManage 数据库中进行快捷的管理呢？接下来一项非常重要的任务就是要将这些数据以合理的方式放到数据库中进行管理。那么，如何才能将现有的数据使用 SQL Server 2012 中的数据表进行组织呢？

【任务分析】

现有的 T 大学借阅系统管理中的数据资料如表 3.1 所示。

表 3.1　借阅系统相关数据

数据名称	归口管理部门	说　　明
教师资料	人事处	可以借阅 5 本图书，借阅期限 3 个月
学生资料	学生处	可以借阅 3 本图书，借阅期限 1 个月
图书资料	图书馆	本项目的主要数据
借阅资料	图书馆	本项目的主要数据
管理员资料	系统管理者	给不同的操作人赋予不同的操作权限，是本项目的相关数据

根据这些资料，如何建立科学规范的数据表和组织表数据呢？

数据库是按照一定的数据模型来组织的、描述和存储数据的。因此，首先必须先设计好数据模型和结构，才能将上面的数据合理地进行存储，才能达到科学规范地管理数据的目的和效果。

要做好数据表的设计，经过仔细的分析确定，数据表的设计需要经过下面的流程：概念设计→逻辑设计→物理设计，只有这样，才能使设计出的数据库更规范高效。

根据以上分析，得出完成本子项目需要解决的几个关键问题，如表 3.2 所示。

表3.2　创建和组织数据表任务分解

序号	名称	任务内容	方法	目标
1	概念结构设计	分析借阅系统数据及其管理需求，画出E－R图	边讲边练	画出借阅系统E－R图
2	逻辑结构设计	将E－R图转换为关系模式	举一反三	设计借阅系统关系模式
3	物理结构设计	用数据库系统工具按逻辑结构创建相应的数据表	举一反三	创建借阅系统数据表
4	数据录入	将现有的数据录入数据库，以方便后续使用数据	边讲边练	完成借阅系统的数据初始化任务

任务 3.1　概念结构设计

【任务目标】

分析现有借阅系统中需要存储的数据，根据需求分析报告内容进行概念结构模型的设计，将现实世界的数据抽象为信息世界的数据模型，画出系统E－R图。

【任务实施】

本部分内容为数据库设计过程的第二个核心任务点，即根据需求分析中数据整理、用户功能等内容进行信息世界的概念结构模型的设计，完成系统E－R模型。

3.1.1　找出实体及其属性

概念结构设计就是把现实世界中的客观对象抽象为某一种信息结构，这种信息结构不依赖于某一数据库管理系统（DBMS），它的主要任务是找出实体及其属性。

1. 找实体

由借阅系统需求分析阶段总结设计的系统功能结构（图3.1）及功能、数据描述，分析并寻找系统实体。

（1）系统管理：对用户管理和系统进行初始化设置。

（2）借阅管理：提供教师和学生借阅图书信息的录入、修改、查询、打印等基本管理功能，以及图书借阅情况的相关统计功能。

（3）图书管理：提供对所有已上架图书、新进图书基本信息的管理功能，主要是图书信息的录入、修改、删除和浏览/查询等基本功能。

（4）用户管理：实现了用户的分类管理，同时，可以完成不同种类用户信息的录入、修改、删除和查询操作。

（5）基础数据管理：提供对学校基本数据和图书分类相关基础数据的管理功能。

（6）数据库管理：对现有的数据进行管理（包括数据备份和恢复），可以方便用户对数据库进行管理和维护工作，提高系统的数据安全性。

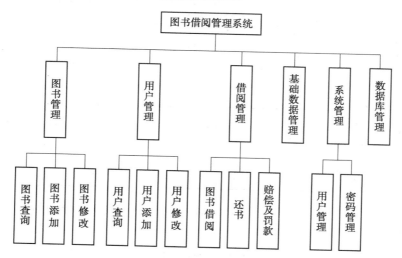

图3.1　T大学图书借阅管理系统功能模块

根据对图3.1所示的功能模块以及各功能模块主要实现的功能进行分析，初步找出借阅系统实体（表3.3）所示的实体（为易于理解，将学生与教师分开管理）。

表3.3　借阅系统实体

名称	说　　　　明
学生	描述T大学的所有学生的信息
教师	描述T大学的所有教师的信息
图书	描述T大学图书馆所有的图书信息
管理员表	这个是图书馆管理人员对应的实体表，不同的人对该系统有不同的操作权限，所以需要设置不同的管理用户

找出实体后，接下来的工作就是找出各实体的属性。当然，实体的属性可繁可简，要有所取舍，大的原则就是要满足管理的需要，这可以从需要分析中得到。需求分析的方法也有很多，如咨询有经验的相关人员、顶岗实习、分析报表等。下面举例说明如何通过需求分析得到各实体的属性。

2. 找实体的属性

找出实体后，接下来的工作就是要找出借阅系统各个实体的属性。

对于借阅系统，一个非常重要的主体就是学生，那么学生都有哪些属性呢？所谓的属性就是描述学生一些特性的方面，比如姓名、学号、性别、出生日期、专业、系别、入学时间、家庭住址等，这些信息都描述了一个学生的某些特性，当然学生还可以有一些其他特性，例如血型、身高等，这些特性与我们的借阅系统没有太大的关系，所以就不予考虑了。通过抽象、归纳、总结、分析，可以得出学生实体的属性，如表3.4所示。

表 3.4　学生实体的属性

属性	说　明
学号	每个学生都有一个编号，可以唯一地标识一位学生，可以作为关键字
姓名	学生姓名
性别	学生性别，方便统计数据
出生日期	学生的出生年月日
班级	可以看出系别和专业
电话	学生的联系方式
入学日期	方便记录学生的学籍
家庭住址	方便联系学生及其家长
备注	可以在这里存储学生的照片，当然也可以把此项作为将来扩展项目的基础

采用类似的方法，分析得出其他实体的属性。表 3.5 ~ 表 3.7 分别列出了教师、图书、管理员的属性。

表 3.5　教师属性

属性	说　明
教工编号	每个教师都有一个唯一的编号，可以唯一地标识该教师，可作为主关键字
姓名	教师姓名
性别	教师性别
出生日期	出生年月日
所在部门	指出该教师所属的部门

表 3.6　图书属性

属性	说　明
书号	每本图书都有一个馆藏编号，可作为主关键字
书名	该本图书的书名
类型	图书的类型，这里记录图书类别编号
作者	该本图书的作者
出版社	图书的出版社
价格	图书的定价
ISBN	记录该本图书的统一出版编号
数量	记录该本图书的馆藏数量

表 3.7　管理员属性

属性	说　明
名称	管理员名称
密码	管理员密码
等级	管理员所拥有的权限级别，共分为 3 个等级，分别为上架管理人员、借阅管理人员和系统管理员
说明	关于管理员的具体说明

【思考】教师还有什么其他属性？图书还有什么其他属性？

3.1.2　找出实体间的联系

1. E－R图

E－R图是 P. P. S. Chen 于 1976 年提出的用于表示概念模型的方法，该方法直接从现实世界抽象出实体及其相互间的联系，并用 E－R 图来表示概念模型。在 E－R 图中，实体、属性及实体间的联系如下：

（1）实体：用标有实体名的矩形框表示，其标识如图 3.2 所示。

（2）属性：用标有属性名的椭圆框表示，并用一条直线与其对应的实体连接，其标识如图 3.3 所示。

图 3.2　实体标识　　　　　图 3.3　属性及属性与实体关系

（3）实体间的联系：用标有联系名的菱形框表示，并用直线将联系与相应的实体连接，且在直线靠近实体的一端标上 1 或 n 等，以表明联系的类型（$1:1$、$1:n$、$m:n$），如图 3.4 所示。

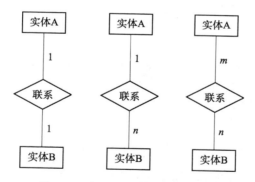

图 3.4　联系的类型及实体关系图

在借阅系统中，各实体之间也存在着一定的联系。一般在找实体时，是找里面的名词，而在寻找联系时，是找里面的动词。如学生借书，这里的"借书"就是实体学生和实体图书之间的联系，同时，"借书"也是实体教师和实体图书之间的联系。类似的还有"学生还书""图书上架"，等等。

两个实体之间的联系一共有三种，主要分类如下：

（1）1 对 1 联系——$1:1$。两个实体之间是 1 对 1 的联系，如一个班级只能有一个班长，一个学校只能有一个校长，一个公司只能有一个总经理等。

（2）1 对多联系——$1:n$。设有两个实体集 A 和 B，如果 A 中的每个实体，B 中都有 n（$n \geq 0$）个实体与之对应；B 中的每个实体，A 中都有 n（$n \geq 0$）个实体与之对应，就称

A 和 B 是 1 对多的关系，简写为 $1:n$。如班级与学生，就是 1 对多的联系，1 个班可以有很多学生，但是每个学生只能归到一个班。再如老师和部门的联系也是 1 对多的联系，一个部门可以有很多老师，但是一个老师只能归属到一个部门。

（3）多对多的联系——$m:n$。对于实体集 A 和 B，任一方的实体，都可以从另一方中找到多个实体与之对应，则称 A 和 B 是多对多的联系。学生与图书就是多对多的联系，一本图书可以有多个学生借阅，一个学生也可以借阅多本图书。

2．画出 E-R 图

根据上面的分析，要准确画出 E-R 图，必须先确定各实体之间的联系，借阅系统的实体主要有学生、教师、图书、管理员等。找出各个实体之间的联系如下：

（1）教师与图书：$m:n$；

（2）学生与图书：$m:n$；

（3）管理员与图书：$m:n$。

1）分实体关系图

画出借阅系统学生实体与图书实体间的分实体联系图（E-R 图），如图 3.5 所示。

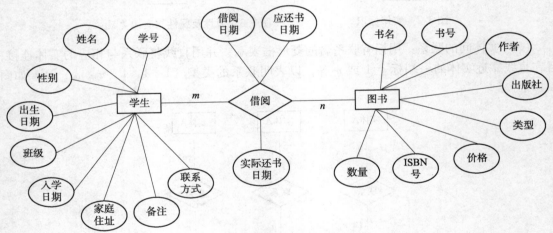

图 3.5　学生实体与图书实体间的分 E-R 图

画出借阅系统教师实体与图书实体间的分实体联系图（E-R 图），如图 3.6 所示。

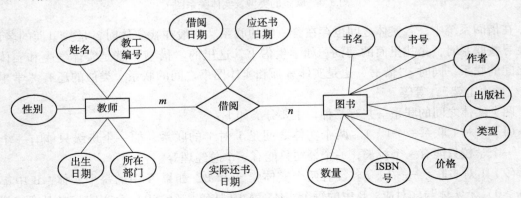

图 3.6　教师实体与图书实体间的分 E-R 图

画出借阅系统管理员实体与图书实体间的分实体联系图（E－R图），如图3.7所示。

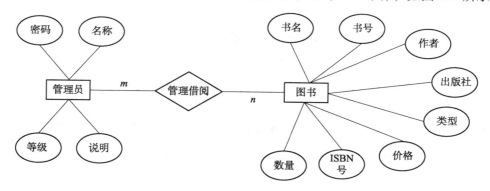

图3.7　管理员实体与图书实体间的分E－R图

2）总实体关系图

将各分实体关系图合并，画出系统总体实体关系图，如图3.8所示。

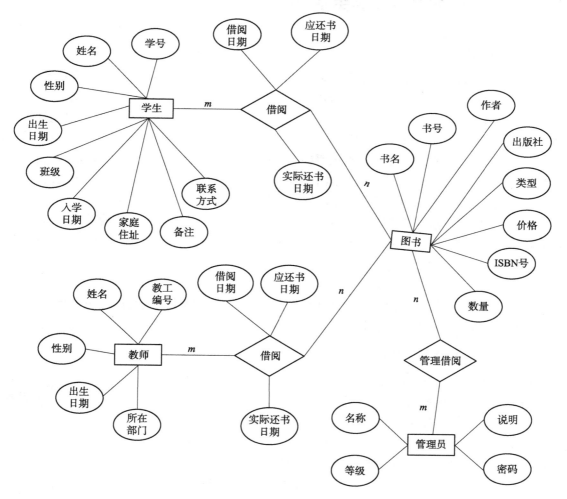

图3.8　借阅系统E－R图

【思考】请观察这个实体关系图中有哪些可以改进的地方。

任务 3.2　逻辑结构设计

【任务目标】

逻辑结构设计主要是将概念结构设计的结果转换为关系模型，再将转换过来的关系模型进行优化。本任务的目标就是将 E－R 图转换为数据库系统所支持的关系模式，并为下一任务——物理结构设计做好准备。

【任务实施】

本任务的主要内容为根据关系模式的转换规则，将概念模型 E－R 图转换为关系模式，结合不同的用户需求优化关系模式，并确定其结构。

3.2.1　将 E－R 图转换为关系模型

1. 转换原则

将 E－R 图转换为关系模型就是要将实体、实体属性和实体间的联系转换为关系模式。这里介绍关系模式的普遍适用的转换规则。

（1）每个实体转换为一个关系模式。这是最简单也是最普遍的方法，实体的属性即关系的属性，实体的关键字即关系的关键字。

（2）一个 $m:n$ 联系转换为一个关系模式。联系的每个实体的关键字以及联系本身的属性全部转换成关系模式的属性，其关键字为联系间各实体关键字的组合，其属性包括 m 端实体主码、n 端实体主码和联系的自身属性。

（3）一个 $1:n$ 联系转换为一个独立的关系模式，也可以与 n 端对应的关系模式合并。如果转换为一个独立的关系模式，则与该联系相连的各实体的关键字以及联系本身的属性均转换为关系的属性，而关系的关键字为 n 端实体的关键字。一般来说，应该首选与 n 端对应的关系模式合并，以减少关系的个数。

（4）一个 $1:1$ 的联系转换为一个独立的关系模式，可与任一端对应的关系模式合并，也可把他看作 $1:n$ 的特例，即 $n=1$。

2. 借阅系统的逻辑结构设计

按照上面的关系模式转换规则来进行本项目的逻辑结构设计。

（1）每个实体转换为一个关系模式，本项目共有 4 个实体，于是得到如下 4 个关系模式（粗体加下划线部分为关键字）

学生（**学号**，姓名，性别，出生日期，班级，电话，入学日期，家庭住址，备注）

教师（**教工编号**，姓名，性别，出生日期，所在部门）

图书（**书号**，书名，类型，作者，出版社，价格，ISBN，数量）

管理员（**名称**，密码，等级，说明）

（2）一个 $m:n$ 联系转换为一个关系模式，本项目有 3 个 $m:n$ 联系，一个为教师与图书，一个为学生与图书，一个为管理员与图书。

先分析教师 – 图书联系，教师与图书的联系为教师借阅图书，一本图书可以被多个教师借阅，一个教师可以借阅多本图书。

①找出该实体的关键字（教工编号，书号）。

②确定联系的属性，借阅日期，应还书日期，还书日期。

③得出联系模式：借阅（教师编号，图书编号，借阅日期，应还书日期，还书日期）。

再来分析另一个学生 – 图书联系，一个学生借阅多本图书，一本图书可以被多个人借阅。

④找出该实体的关键字（学号，书号）。

⑤确定联系的属性，借阅日期，应还书日期，还书日期。

⑥得出关系模式借阅（学号，图书编号，借阅日期，应还书日期，还书日期）。

最后来分析管理员与图书联系，一个管理员可以管理多本图书的借阅，一本图书可以被多个管理人员管理。

⑦找出该实体的关键字（名称，书号）。

⑧确定联系的属性。

⑨得出关系模式借阅（名称，书号）。

对于上面提到的转换原则（3）和（4）也采取类似的方法进行分析，对于分析出的重合的关系模式，可以采取合并的方法，也可以分离这些模式，以达到将来创建最小数据表的原则。

3.2.2 优化关系模型

数据库逻辑结构设计的结果不是唯一的，不同的人根据分析可能得到不同的结果，但也就是这不同的结果，会导致将来设计出来的数据库的执行效率千差万别，所以好的数据库设计师在得出最初的逻辑结构之后，往往要对逻辑模型进行优化。

1. 优化方法

数据库模型的优化方法目前在用的主要有两种。

1）确定依赖关系

对于各个关系模式之间的数据依赖进行极小化处理，消除冗余的联系。按照数据依赖的情况对关系模式逐一进行分析，考查是否存在部分依赖、传递依赖和多值依赖等。按照需求分析阶段得到的各种应用对数据处理的要求，确定是否要对它们进行合并或分解。

2）对关系模式进行必要的分解

数据库设计人员为了判断关系模式的优劣，预测关系模式可能出现的问题，需要对关系模式进行必要的分解，使数据库设计工作有严格的质量保障。

2. 借阅系统逻辑设计的优化

数据库设计的优化，是计算机研究领域一个非常重要的课题，我们这里不做深入的讨论，而是只针对我们的项目做一个简单的分析，希望能达到抛砖引玉的效果。

首先，教工编号是确定教师的唯一标识，姓名、性别和出生日期对于每个人来说也都是固定不变的，而所在部门对于任何一个公司而言，都是相对比较固定并且规范的，此外，各个部门又都会有一些其他特有的属性，例如，部门的编号、部门的职责范围等，如果把所有这些信息都一并写入教师所在部门中去，显然是与数据库设计的完整性和规范性的要求违背的，这就要求我们要对上面设计的关系模式进行进一步的优化。

解决的办法就是将部门提取出来，建立一个新的关系模式——部门（编号，名称，职责范围），当然，相对应的关系模式——教师就可以变更为教师（编号，姓名，性别，出生日期，部门编号）。

这样，最后确定了以下 8 个关系模式：

学生（**学号**，姓名，性别，出生日期，班级，电话，入学日期，家庭住址，备注）；

教师（**教工编号**，姓名，性别，出生日期，部门编号）；

图书（**书号**，名称，类型，作者，出版社，价格，ISBN，数量）；

管理员（**名称**，密码，等级，说明）；

教师借阅（**教工编号**，**书号**，借阅日期，应还书日期，实际还书日期）；

学生借阅（**学号**，**书号**，借阅日期，应还书日期，实际还书日期）；

部门（**编号**，名称，职责范围）；

图书类别（**类别编号**，类别名）。

任务 3.3 物理结构设计

【任务目标】

物理结构设计的任务是将逻辑结构设计的结果在具体的数据库管理系统（DBMS）中实现。本任务的主要目标就是将关系模式转换为数据表（物理设计的其他部分在后续任务中完成）。

【任务实施】

本任务的主要工作是在 SQL Server 2012 的平台环境中进行数据表的创建和维护，认识和学习数据类型，结合关系模式的转换结果进行数据类型的选择，设计合理的数据表。

3.3.1 数据表的设计

1. 简单认识数据类型和表

关系数据库的主要特征是用二维表（Table）来管理和存储数据。表是存放数据库中数据的对象，表中的数据组织成行、列的形式，每一行代表一个记录，每一列代表记录的一个属性。

在 SQL Server 2012 中，一个数据库中可创建多达 20 亿个表，每个表的列数最多可达

1 024，每行最多 8 092 字节（不包括 image、text 或 ntext 数据）。

设计数据库时，要决定它包括哪些表，每个表中包含哪些列，每列的数据类型等，列的数据类型决定了数据的取值、范围和存储格式。

不同的实体有着各种各样的属性，不同的属性，有着不同的属性值，不同的属性值又有着不同的数据类型，如字符、整型、日期等。这些都是在创建数据表时需要选择使用的。

SQL Server 2012 给用户提供可使用的系统数据类型如表 3.8 所示。

表 3.8 常见系统数据类型

常见数据类型	SQL Server 系统提供的数据类型	字节数
整型	int bigint smallint tinyint	4 8 2 1
精确数字类型	decimal[（p[，s]）] numeric[（p[，s]）]	p 默认 18，s 默认 0
近似数字类型	float[（n）] real	8 4
货币类型	Money smallmoney	8 4
日期和时间类型	Datetime smalldatetime	8 4
字符型	char[（n）] varchar[（n）] text	0～8 000 0～2×10⁹
Unicode 字符型	nchar[（n）] nvarchar[（n）] ntext	0～4 000 （4 000 字符） 0～2×10⁹
二进制型	binary[（n）] varbinary[（n）]	0～8 000
图像型	image	0～2×10⁹
全局标识符型	uniqueidentifier	16
特殊类型	bit，cursor，uniqueidentifier timestamp XML table sql_variant	1，0 16 8 256 0～8 016

2. 确定借阅系统各数据表字段的数据类型

根据表 3.8 列出的数据类型确定了该项目各个实体属性转换为数据表字段的最终数据类型分别如下：

通过学生关系模式定义的 Student 表如表 3.9 所示。

表 3.9　Student 表

属性	列名	数据类型	是否为空	说　明
学号	sNo	Char（10）	Not null	学号（主键），长度固定，不含中文
姓名	sName	Char（10）	null	包含中文
性别	ssex	Char（2）	null	性别只有男女，但是一个汉字占两个字符
出生日期	BornDate	DateTime	null	用日期，因为同步操作系统时间格式
班级	ClassName	Varchar（50）	null	班级信息
电话	Telephone	Varchar（17）	null	联系电话
专业	Sprof	Varchar（20）	null	专业
入学日期	EnrollDate	DateTime	null	入学时间
家庭住址	Address	Varchar（50）	null	包含中文，不定长
备注	Comment	text	null	备注可长可短，用文本类型描述

通过教师关系模式定义的 Teacher 表如表 3.10 所示。

表 3.10　Teacher 表

属性	列名	数据类型	是否为空	说　明
教工编号	tNo	Char（10）	Not null	教师编号（主键），长度固定，不含中文
姓名	tName	Char（10）	null	值包含中文
性别	tsex	Char（2）	null	性别只有男女，但是一个汉字占两个字符
出生日期	BornDate	DateTime	null	
部门编号	DeptNo	char（10）	null	必须与部门中的编号保持一致

通过图书关系模式定义的 Book 表如表 3.11 所示。

表 3.11　Book 表

属性	列名	数据类型	是否为空	说　明
书号	bNO	Char（10）	Not null	长度固定，不含中文
名称	bName	Varchar（30）	null	长度不固定，含中文
类型	bcateNo	Char（10）	null	含英文标识位
作者	bAuthor	Char（10）	null	含中文
出版社	bPress	Varchar（50）	null	长度不固定，含中文
价格	bPrice	Decimal（5，1）	Null	小数点后1位
ISBN	bISBN	Char（21）	Null	ISBN 编号，含字母
数量	bQu	int	null	图书数量

通过管理员关系模式定义的 Users 表如表 3.12 所示。

表 3.12   Users 表

属性	列名	数据类型	是否为空	说　明
名称	UserName	Char（10）	Not null	长度固定，不含中文
密码	Password	Char（10）	null	长度不固定，不含中文
等级	Grade	Char（10）	null	含中文
说明	Description	text	null	用户说明不固定

通过多对多联系的分析确定的教师借阅关系而得出的借阅 T_B 表如表 3.13 所示。

表 3.13   借阅 T_B 表

属性	列名	数据类型	是否为空	说　明
教工编号	tNo	Char（10）	Not null	这里的定义应与教师表中的编号一致
图书编号	bNO	Char（10）	Not null	这里的定义应与课程表中的编号一致
借阅日期	Bdate	Datetime	Null	默认记录借阅当天系统日期
应还书日期	yBKdate	Datetime	Null	根据借阅期限自动计算
实际还书日期	BKdate	datetime	Null	记录还书当天系统日期

通过多对多联系的分析确定的学生借阅关系而得出的借阅 ST_B 表如表 3.14 所示。

表 3.14   借阅 ST_B 表

属性	列名	数据类型	是否为空	说　明
学生编号	sNo	Char（10）	Not null	这里的定义应与学生表中的编号一致
图书编号	bNO	Char（10）	Not null	这里的定义应与课程表中的编号一致
借阅日期	Bdate	Datetime	Null	默认记录借阅当天系统日期
应还书日期	yBKdate	Datetime	Null	根据借阅期限自动计算
实际还书日期	BKdate	datetime	Null	记录还书当天系统日期

通过教师关系模式引申出教师部门关系，其设计如表 3.15 所示。

表 3.15   教师部门关系模式——Dept 表

属性	列名	数据类型	是否为空	说　明
编号	DNo	Char（10）	Not null	部门编号（主键）
名称	DeptName	varChar（20）	null	部门名称
职责范围	Duty	varchar（50）	Null	简单描述部门的主要职责

通过图书关系模式引申出图书类别关系，其设计如表 3.16 所示。

表 3.16   图书类别关系模式——BCate 表

属性	列名	数据类型	是否为空	说　明
编号	bcateNo	Char（10）	Not null	类别编号（主键）
名称	bcateName	varChar（20）	null	类别名

3.3.2 使用图形工具创建数据表

（1）打开 SQL Server Managerment Studio。

（2）在对象资源管理器中展开借阅系统数据库 BookManager，用鼠标右键单击表，在弹出的菜单中选择"新建表"，如图 3.9 所示。

（3）在弹出的窗口的"列名"列中输入列名，在"数据类型"列中选择数据类型，在"允许 Null 值"列中勾选是否允许空值，如图 3.10 所示，就是创建完成的数据表。

图 3.9 新建表菜单　　　　　图 3.10 SQL Server 中创建的 Student 表截图

（4）完成后关闭窗口，系统提示是否存盘，回答"是"并输入表的名字"Student"，即可完成学生数据表的创建任务。

（5）以后如果需要对表进行修改，可用鼠标右键单击表的名字，在弹出的菜单中选择"设计"（图 3.11），即可进入表的设计界面（与创建时的界面一样）。

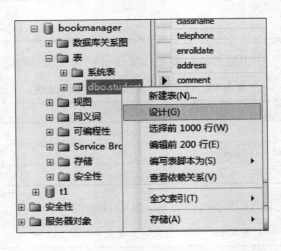

图 3.11 重新设计表的选项

类似地，可以创建其他数据表，如图 3.12～图 3.18 所示。

图3.12　教师表截图

图3.13　图书表截图

图3.14　管理员表截图

图3.15　教师借阅表截图

图3.16　学生借阅表截图

图3.17　部门表截图

图3.18　图书类别表截图

3.3.3　使用T－SQL语句创建数据表

使用图形用户界面创建数据表，适合于初学者，要想创建更复杂的数据表，还得使用 SQL语句。接下来，我们就在这个任务中使用SQL语句来创建数据表。

（1）在SQL Server Management Studio中，打开对象资源管理器，依次选择数据库 "bookmanager" 展开，单击容器表展开，选择 "student" 表。

（2）在Student表上单击鼠标右键，在弹出的菜单中，按照图3.19所示操作打开，选择 "编写表脚本为"，继续选择 "CREATE到"，继续选择 "新查询编辑器窗口"，可以将操作 建立的数据表导出为创建脚本。

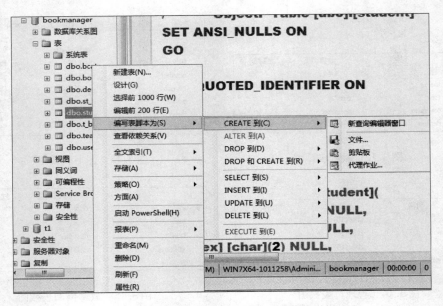

图 3.19　为已经建立的表导出编写脚本截图

（3）切换到查询窗口，则可看到如下 SQL 语句，也称脚本。

```
SET ANSI_NULLS ON
GO
SET QUOTED_IDENTIFIER ON
GO
SET ANSI_PADDING ON
GO
CREATE TABLE [dbo].[student](
    [sno] [char](10) NOT NULL,
    [sname] [char](10) NULL,
    [ssex] [char](2) NULL,
    [borndate] [datetime] NULL,
    [classname] [varchar](50) NULL,
    [telephone] [varchar](17) NULL,
    [enrolldate] [datetime] NULL,
    [address] [varchar](50) NULL,
    [comment] [text] NULL
) ON [PRIMARY] TEXTIMAGE_ON [PRIMARY]
GO
    SET ANSI_PADDING OFF
```

（4）简单的分析。

首先，GO 就是执行的意思，其含义为批处理命令。

其次，SET 参数名 ON（OFF），就是对一些参数的设置，ON 为打开，OFF 为关闭，具体的参数含义可通过帮助获得（选中要帮助的文字，按 F1 键，即可弹出帮助文档）。这些设置对创建数据表来说，格式是固定的。

最重要的是中间部分。这部分是创建数据表的主体，通过后面的注释，说明每句话的含义：

```
CREATE TABLE [dbo].[Student](          --创建名为 Student 的表
    [sNo][char](10)NOT NULL,           --学号,不能为空,每列之间用,隔开
    [sName][char](10)NULL,             --姓名,允许为空
    [ssex][char](2)NULL,               --性别
    [BornDate][datetime]NULL,          --出生日期
    [ClassName][varchar](50)NULL,      --班级
    [Telephone][varchar](11)NULL,      --电话
    [EnrollDate][datetime]NULL,        --入学日期
    [Address][varchar](50)NULL,        --家庭地址
    [Comment][text]NULL                --备注,最后一列不加逗号
)ON [PRIMARY]                          --本数据表存于主文件组中
```

（5）语法结构。

使用 CREATE TABLE 语句创建表非常灵活，允许对表设置以下几个不同的选项，包括表名、存放位置和列的属性等。其语法格式如下：

```
CREATE TABLE table_name
    ({< column_definition > | < table_constraint >}[ ,...n ]   )
```

其中：

```
< column_definition > :: =                              --属性列的定义
{column_name    data_type}                              --列名  数据类型
      [[ DEFAULT constant_expression                    --默认值约束
      |[ IDENTITY [ ( seed , increment ) ]   ]   |]   [ ROWGUIDCOL]      --自动增长
      [ < column_constraint > [ ...n]]                  --列级约束定义
< column_constraint > :: =                              --列级约束定义
[CONSTRAINT constraint_name]                            --约束名
      |[ NULL | NOT NULL]                                --空或者非空
      |[ PRIMARY KEY | UNIQUE]                           --主键及唯一值约束
      | REFERENCES ref_table [ ( ref_column )]          --外键约束
      [ ON DELETE {CASCADE | NO ACTION}]                --级联删除
      [ ON UPDATE {CASCADE | NO ACTION}]                --级联更新
      }
```

其中，主要参数说明如下：

①table_name：新表的名称。

②column_name：表中列的名称。

③data_type：指定列的数据类型。

④DEFAULT：指定在录入操作中没有显式提供值时为该列提供的值。除了 IDENTITY 属

性定义的列之外，DEFAULT 定义可应用于任何列。删除表时将删除 DEFAULT 定义。常量值可用作默认值。

⑤IDENTITY：指示新列是标识列。在为表添加新行时，SQL Server Mobile 将为列提供唯一的增量值。标识列通常与 PRIMARY KEY 约束结合使用以作为表的唯一行标识符。IDENTITY 属性只能分配给 int 列。每个表只能创建一个标识列。标识列无法使用绑定默认值和 DEFAULT 约束。必须同时指定种子和增量，或者不指定任何值。如果不指定任何值，默认为（1，1）。

➢ seed：向表中加载第一行时所使用的值。

➢ increment：加到所加载的上一行的标识值上的增量值。

⑥ROWGUIDCOL：指示新列是行全局唯一标识符列。

⑦CONSTRAINT：指示 PRIMARY KEY、UNIQUE 或 FOREIGN KEY 约束定义开始的可选关键字。约束是强制执行数据完整性并创建表及其列的特殊类型索引的特殊属性。

➢ constraint_name：约束的名称。constraint_name 为可选参数，在数据库中必须是唯一的。如果没有指定 constraint_name，SQL Server Mobile 会生成一个约束名。

➢ NULL | NOT NULL：用于指定列中是否允许空值的关键字。从严格意义上讲，NULL不是一个约束，但可以使用指定 NOT NULL 相同的方法来指定。

➢ PRIMARY KEY：通过使用唯一的索引对特定列强制执行实体完整性的约束。对于每个表只能创建一个 PRIMARY KEY 约束。

➢ UNIQUE：通过使用唯一的索引提供特定列的实体完整性的约束。UNIQUE 约束中的列可以为 NULL，但每一列只允许一个 NULL 值。一个表可以包含多个 UNIQUE 约束。

请利用上面的语法，试着写出本项目中其他几个数据表的创建过程。

【数据表创建参考1】教师表创建语句参考：

```
Create table teacher
( tno char( 10 ) not null,
Tname char( 10 ),
Tsex char( 2 ),
Borndate datetime,
Deptno char( 10 )
)
```

【数据表创建参考2】图书表创建语句参考：

```
Create table book
( bno char( 10 ) not null,
Bname varchar( 30 ),
Bcateno char( 10 ),
Bauthor char( 10 ),
Bpress varchar( 50 ),
Bprice decimal( 5,1 ),
Bisbn char( 21 ),
Bqu int
)
```

【数据表创建参考3】管理员表创建语句参考：

```
Create table users
(username char(10) not null,
Password char(10),
Grade char(10),
Description text
)
```

【数据表创建参考4】教师借阅表创建语句参考：

```
Create table t_b
(tno char(10) not null,
Bno char(10) not null,
Bdate datetime,
Ybkdate datetime,
Bkdate datetime
)
```

【数据表创建参考5】学生借阅表创建语句参考：

```
Create table st_b
(sno char(10) not null,
Bno char(10) not null,
Bdate datetime,
Bykdate datetime,
Bkdate datetime
)
```

【数据表创建参考6】部门表创建语句参考：

```
Create table dept
(dno char(10) not null,
Deptname varchar(20),
Duty varchar(50)
)
```

【数据表创建参考7】图书类别表创建语句参考：

```
Create table bcate
(bcateno char(10) not null,
Bcatename varchar(20)
)
```

3.3.4 使用 T – SQL 语句修改数据表

修改数据表，除了可以使用图形化界面工具以外，还可以使用 SQL 语句完成。

（1）使用 ALTER TABLE 语句完成修改数据表的操作。其基本语法结构如下：

```
ALTER TABLE [database_name. [schema_name]. | schema_name.] table_name    --修改表
{
    ALTER COLUMN column_name                                    --修改列的定义
    {
        [type_schema_name.] type_name [({precision [, scale]      --数据类型
            | max | xml_schema_collection} )]
        [NULL | NOT NULL]                                        --空或者非空
        [COLLATE collation_name]
    | {ADD | DROP} {ROWGUIDCOL | PERSISTED}
    }
    | [WITH {CHECK | NOCHECK}] ADD                               --增加属性列
    {
        < column_definition >
    | < computed_column_definition >
    | < table_constraint >
    } [,...n]
    | DROP                                                       --删除属性列或者约束
    {
        [CONSTRAINT] constraint_name                            --删除约束
        [WITH( < drop_clustered_constraint_option > [,...n])]
        | COLUMN column_name                                    --删除列
    } [,...n]
}
```

其中，部门内容的含义描述如下：

①database_name：创建表时所在的数据库的名称。

②schema_name ：表所属架构的名称。

③table_name：要更改的表的名称。如果表不在当前数据库中，或者不包含在当前用户所拥有的架构中，则必须显式指定数据库和架构。

④ALTER COLUMN：指定要更改命名列。

➤ column_name：要更改、添加或删除的列的名称。

➤ [type_schema_name.] type_name：更改后的列的新数据类型或添加的列的数据类型。

➤ precision：指定的数据类型的精度。

➤ scale：指定的数据类型的小数位数。

➤ max：仅应用于 varchar、nvarchar 和 varbinary 数据类型，以便存储 $2^{31}-1$ 个字节的字符、二进制数据以及 Unicode 数据。

➤ xml_schema_collection：仅应用于 xml 数据类型，以便将 XML 架构与类型相关联。

➤ COLLATE collation_name：指定更改后的列的新排序规则。

➤ NULL | NOT NULL：指定列是否可接受空值。

➤ [{ADD | DROP} ROWGUIDCOL]：指定在指定列中添加或删除 ROWGUIDCOL 属性。

➤ [{ADD | DROP} PERSISTED]：指定在指定列中添加或删除 PERSISTED 属性。

➤ WITH CHECK | WITH NOCHECK：指定表中的数据是否用新添加的或重新启用的 FOREIGN KEY 或 CHECK 约束进行验证。

⑤ADD：指定添加一个或多个列定义、计算列定义或者表约束。

⑥DROP｛[CONSTRAINT] constraint_name | COLUMN column_name｝：指定从表中删除 constraint_name 或 column_name。可以列出多个列或约束。

（2）使用 DROP TABLE 语句完成删除数据表的操作。其基本语法结构如下：

```
Drop table 表名
```

【维护表参考1】在表 Student 中增加一列"身份证号码"，数据类型为 char ，允许为空。

```
alter table student
add IDCard char(18)null
go
```

【维护表参考2】删除参考1增加的"身份证号码"列。

```
alter table student
drop column IDCard
go
```

【维护表参考3】修改表 student 中已有列的属性：将 borndate 的数据类型改为 Datetime。

```
alter table student
alter   column borndate Datetime
```

【维护表参考4】创建数据表 Classmate，包括编号 ID，姓名 Name，QQ 号，电话 Tel，地址 Addr。

```
create table Classmate
(
    ID char(10),
    Name   nchar(10),
    QQ     char(20),
    Addr   char(20),
    Tel   char(11)
)
```

【维护表参考5】删除 Classmate 数据表。

```
Drop table Classmate
```

任务 3.4　数据录入及维护

【任务目标】

经过物理设计阶段之后，已经在数据库系统中建立了存储数据的数据库和数据表，具备了向数据结构中填充数据的条件，通过管理平台和 SQL 语句两种方式进行数据录入操作。

【任务实施】

数据表的初始化一般有两种方法，主要取决于项目数据的前期准备。如果前期准备充分，初始数据已经转换为电子版的形式，那么在进行初始化时就可以采取数据导入的方式；如果前期准备不充分，那么在进行初始化时只能一条记录一条记录地录入。

3.4.1 使用图形管理工具操作数据

1. 录入表数据

要查看表中的数据，可以在 SQL Server 管理平台中选中要打开的数据表 Student，单击鼠标右键并在快捷菜单中选择"打开表"，在数据显示区域就会显示出这个表中的所有数据。这时就可以直接在表中写入要录入的数据，如果一条记录还没输入完成，已输入的字段会有 ❶ 提示，待该条记录输入完成后，这个提示会自动消失，如图 3.20 所示。

sno	sname	ssex	borndate	classname
05301101	张曼	女	1998-05-04 00:...	053011
05331101	张曼	女	1993-05-03 00:...	计算机应用
05331102	刘迪	女	1994-10-20 00:...	计算机应用
05331103	刘凯	男	1982-05-30 00:...	计算机应用
05331104	王越	男	1991-09-19 00:...	计算机应用
05331105	李楠	女	1995-03-16 00:...	计算机应用
05331106	胡栋	男	1992-07-03 00:...	计算机应用
05331107	李莉	*NULL*	*NULL*	计算机应用
06102534	杨超	男	1990-10-01 00:...	机械设计
06102535	❶ *NULL*	*NULL*	*NULL*	*NULL*
NULL	NULL	NULL	NULL	NULL

图 3.20　向数据表 Student 中录入数据操作截图

【特别说明】 如果表的某列不允许为空，则必须为该列输入值。例如，表 Student 的学号、姓名等列；如果允许为空，那么如果不输入值，则在表格中将显示 <NULL> 字样。

2. 删除表数据

当表中的某条记录不再需要时，可以将其删除。删除的方法如下：在操作表数据的窗口中定位需被删除的记录行，即将当前光标（窗口的第一列位置）移到要被删除的行，此时该行反相显示，单击鼠标右键，在弹出的快捷菜单上选择"删除"，如图 3.21 所示。

选择删除后，将出现图 3.22 所示的对话框，单击"是"按钮将删除所选的记录，单击"否"按钮不删除所选的记录。

3. 更改表数据

在管理平台中修改记录非常简单，只需要先定位到被修改的记录字段，然后对该字段值进行修改。例如将杨超的出生日期修改为 1998 − 10 − 01，如图 3.23 所示。

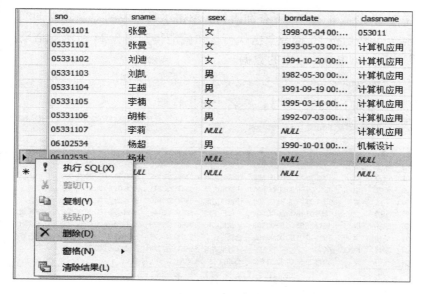

图 3.21　删除记录数据操作截图

图 3.22　确认是否执行删除操作截图

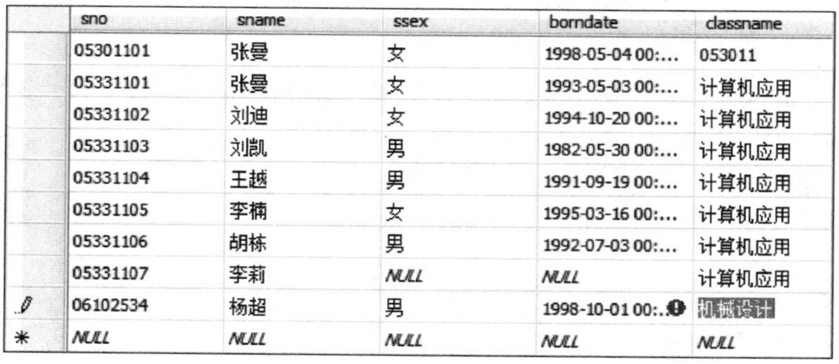

	sno	sname	ssex	borndate	classname
	05301101	张曼	女	1998-05-04 00:...	053011
	05331101	张曼	女	1993-05-03 00:...	计算机应用
	05331102	刘迪	女	1994-10-20 00:...	计算机应用
	05331103	刘凯	男	1982-05-30 00:...	计算机应用
	05331104	王越	男	1991-09-19 00:...	计算机应用
	05331105	李楠	女	1995-03-16 00:...	计算机应用
	05331106	胡栋	男	1992-07-03 00:...	计算机应用
	05331107	李莉	*NULL*	*NULL*	计算机应用
	06102534	杨超	男	1998-10-01 00:.. ❶	机械设计
*	*NULL*	*NULL*	*NULL*	*NULL*	*NULL*

图 3.23　修改记录数据操作截图

3.4.2　使用 T – SQL 语句操作数据

1. 使用 SELECT 语句查看表中数据

若要操作表中数据，首先要知道表中现在都有什么数据，接下来也好对表中的数据做进一步的处理，在这里先简单介绍一下查询语句。单击工具栏中的"新建查询"，然后在查询窗口输入查询语句，然后按 F5 键或单击执行按钮就能得到图 3.24 所示的结果：

（1）查看学生（Student）表中的数据。

select * from student

（2）查看学生的如下信息：学号，姓名，出生日期。

select sno,sname,borndate from student

	sno	sname	ssex	borndate	classname	telephone	enrolldate	address	comment
1	05331101	张曼	女	1993-05-03 00:00:00.000	计算机应用	98602354822	2005-09-01 00:00:00.000	辽宁沈阳	NULL
2	05331102	刘迪	女	1994-10-20 00:00:00.000	计算机应用	93893220935	2005-09-01 00:00:00.000	辽宁抚顺	NULL
3	05331103	刘凯	男	1982-05-30 00:00:00.000	计算机应用	98641330245	2005-09-01 00:00:00.000	辽宁鞍山	NULL
4	05331104	王越	男	1991-09-19 00:00:00.000	计算机应用	98641320940	2005-09-01 00:00:00.000	辽宁营口	NULL
5	05331105	李楠	女	1995-03-16 00:00:00.000	计算机应用	98641328449	2005-09-01 00:00:00.000	辽宁锦州	NULL
6	05331106	胡栋	男	1992-07-03 00:00:00.000	计算机应用	98641326996	2005-09-01 00:00:00.000	辽宁沈阳	NULL
7	06102534	杨超	男	1990-10-01 00:00:00.000	机械设计	93893245623	2006-09-01 00:00:00.000	河北石家庄	NULL
8	05331107	李莉	NULL	NULL	计算机应用	98641327126	2005-09-01 00:00:00.000	江苏	NULL
9	05301101	张曼	女	1998-05-04 00:00:00.000	053011	NULL	NULL	NULL	NULL

	sno	sname	borndate
1	05331101	张曼	1993-05-03 00:00:00.000
2	05331102	刘迪	1994-10-20 00:00:00.000
3	05331103	刘凯	1982-05-30 00:00:00.000
4	05331104	王越	1991-09-19 00:00:00.000
5	05331105	李楠	1995-03-16 00:00:00.000
6	05331106	胡栋	1992-07-03 00:00:00.000
7	06102534	杨超	1990-10-01 00:00:00.000
8	05331107	李莉	NULL
9	05301101	张曼	1998-05-04 00:00:00.000

图 3.24　查询结果数据

2. 使用 INSERT 语句录入表数据

使用 INSERT 语句录入数据就是将一条或多条记录添加到表尾。T – SQL 中使用 INSERT 命令完成数据插入。其语法如下：

```
INSERT  [ INTO] {table_or_view_name  [ ( column_list ) ]      – – 向某个表的某些列录入
        {VALUES( {DEFAULT | NULL | expression} [ ,...n ] )     – – 录入的值
        | derived_table
        | execute_statement
        }
}
| DEFAULT VALUES
```

其中：

（1）INTO ：一个可选的关键字，可以将它用在 INSERT 和目标表之间。

（2）table_or_view_name：要接收数据的表或视图的名称。

（column_list）：在其中插入数据的一列或多列的列表。必须用括号将 column_list 括起来，并且用逗号进行分隔。

（3）VALUES ：引入要插入的数据值的列表。对于 column_list（如果已指定）或表中的每个列，都必须有一个数据值。必须用圆括号将值列表括起来。

DEFAULT：强制数据库引擎加载为列定义的默认值。如果某列并不存在默认值，并且该列允许空值，则插入 NULL。

（4） derived_table：任何有效的 SELECT 语句，它返回将加载到表中的数据行。SELECT 语句不能包含公用表表达式（CTE）。

（5） execute_statement：任何有效的 EXECUTE 语句，使用 SELECT 或 READTEXT 语句返回数据。SELECT 语句不能包含 CTE。

（6） DEFAULT VALUES：强制新行包含为每个列定义的默认值。

【单行录入参考1】在表 student 中录入如下一条记录：05301209，李玲，女，1993/1/1，专业是计算机科学与技术，联系方式 99889996158，注册时间 2005 - 9 - 1，住址辽宁沈阳，无备注信息（增加的）。

```
insert into student
values('05301209',' 李玲 ',' 女 ','1993 - 1 - 1',' 计算机科学与技术 ','99889996158',
'2005 - 9 - 1',' 辽宁沈阳 ',null)
```

说明：向表中录入数据的时候，录入的记录如果是每一列都有值，则录入时的列名可以省略。

【单行录入参考2】在表 student 中录入部分列记录，只输入 3 个列（学号，姓名和出生日期）的值：05301210，李鑫，1998 - 5 - 3。

```
insert into student(sno,sname,borndate)
values('05301210',' 李鑫 ','1998 - 5 - 3')
```

说明：向表中插入数据的时候，如果有些列没有值，则必须显式地指定要插入哪些列。

3. 使用 DELETE 语句删除表数据

使用 DELETE 语句可以从表或视图中删除一行或多行记录。DELETE 语句的语法如下：

```
delete from {table_or_view | table_sources}        -- 从哪个表删除
where search_condition                             -- 根据什么选择条件
```

其中：

（1） table_or_view：指定要从中删除行的表或视图。table_or_view 中所有符合 WHERE 搜索条件的行都将被删除。如果没有指定 WHERE 子句，将删除 table_or_view 中的所有行。

（2） table_sources：将在介绍 SELECT 语句时详细讨论。

任何已删除所有行的表仍会保留在数据库中。DELETE 语句只从表中删除行，要从数据库中删除表，可以使用 DROP TABLE 语句。

【删除数据参考1】删除学生表 student 中 1988 年以前出生的学生。

```
delete from student
where borndate < '1988 - 1 - 1'
```

【删除数据参考2】将学生表 student 中性别为空的行删除。

```
delete from student
where ssex is null
```

【删除数据参考3】删除学生表 student 中的所有数据（将学生表 student 清空）。

```
delete from student
```

4. 使用 UPDATE 语句修改表数据

使用 UPDATE 语句可以更新、改变数据表中现存记录中的数据。其基本语法格式如下：

```
UPDATE │ table_or_view_name │ rowset_function_limited │        ——更新哪个表
SET    │column_name = │expression │ DEFAULT │ NULL│           ——设置列为什么值或者表达式
      │ @ variable = expression
      │ @ variable = column = expression [ ,...n ]
    │ [ ,...n ]
   [ FROM│ < table_source > │ [ ,...n ]]                       ——从其他表连接进行更新
   [ WHERE │ < search_condition >                             ——根据什么条件更新
      │ │ CURRENT OF
         │ │ [ GLOBAL ] cursor_name│
            │ cursor_variable_name│
      ]│
      │ ]
   [ OPTION ( < query_hint > [ ,...n ])]
```

其中：

（1）table_or_view_name：要更新行的表或视图的名称。

（2）rowset_function_limited：OPENQUERY 或 OPENROWSET 函数，视提供程序的功能而定。

（3）column_name：包含要更改的数据的列。column_name 必须已存在于 table_or_view_name 中。不能更新标识列。

（4）expression：返回单个值的变量、文字值、表达式或嵌套 select 语句（加括号）。expression 返回的值替换 column_name 或@ variable 中的现有值。

（5）DEFAULT：指定用为列定义的默认值替换列中的现有值。如果该列没有默认值并且定义为允许空值，则该参数也可用于将列更改为 NULL。

（6）FROM < table_source >：指定将表、视图或派生表源用于为更新操作提供条件。

（7）WHERE：指定条件来限定所更新的行。根据所使用的 WHERE 子句的形式，有两种更新形式：

①搜索更新指定搜索条件来限定要删除的行。

②定位更新使用 CURRENT OF 子句指定游标。更新操作发生在游标的当前位置。

（8）< search_condition >：为要更新的行指定需满足的条件。

（9）CURRENT OF：指定更新在指定游标的当前位置进行。

（10）GLOBAL：指定 cursor_name 涉及全局游标。

（11）cursor_name：要从中进行提取的开放游标的名称。cursor_variable_name：游标变量的名称。

（12）OPTION（< query_hint > [,...n]）：指定优化器提示用于自定义数据库引擎处理语句的方式。

【更新数据参考 1】将学生表中学号为 05301209 的同学姓名更改为张欢。

```
update student
set sname = ' 张欢 '
where sno = '05301209'
```

【更新数据参考2】 将教师表中 t001 号教师的姓名改为王煜，部门修改为 d05。

```
update teacher
set tname = ' 王煜 ' ,title = 'd05'
where tno = 't001'
```

使用 SELECT 语句或在管理平台中可以查看上面数据更改后的效果。

任务 3.5　SQL Server 中的数据类型及其用法

在表中创建列时，必须为其指定数据类型，列的数据类型决定了数据的取值、范围和存储格式。列的数据类型既可以是 SQL Server 提供的系统数据类型，也可以是用户定义数据类型。

3.5.1　系统数据类型

SQL Server 2012 提供的系统数据类型有以下几大类：整型、精确数字类型、近似数字类型、货币类型、日期和时间类型、字符型、unicode 字符型、二进制型、其他数据类型等。表 3.17 中显示了常见的数据类型和 SQL Server 系统提供的数据类型之间的对应关系以及各种数据类型所占用的字节数。

表 3.17　常见数据类型表

常见数据类型	SQL Server 系统提供的数据类型	字　节　数
整型	int	4
	bigint	8
	smallint, tinyint	2, 1
精确数字类型	decimal$[(p[,s])]$	2 ~ 17
	numeric$[(p[,s])]$	
近似数字类型	float$[(n)]$	8
	real	4
货币类型	money, smallmoney	8, 4
日期和时间类型	datetime, smalldatetime	8, 4
字符型	char$[(n)]$	0 ~ 8 000
	varchar$[(n)]$	0 ~ 2 × 10^9
	text	
unicode 字符型	nchar$[(n)]$	0 ~ 8 000
	nvarchar$[(n)]$	(4 000 字符)
	ntext	0 ~ 2 × 10^9
二进制型	binary$[(n)]$	0 ~ 8 000
	varbinary$[(n)]$	

续表

常见数据类型	SQL Server 系统提供的数据类型	字 节 数
图像型	image	$0 \sim 2 \times 10^9$
全局标识符型	uniqueidentifier	16
特殊类型	bit，cursor，uniqueidentifier	1，0
	timestamp	16
	XML	8
	table	256
	sql_variant	$0 \sim 8\,016$

下面分别介绍各种数据类型：

1. 整型

整型数据类型包含 4 种，分别为 bigint，int，smallint 和 tinyint。从标识符的含义就可以看出，它们的表示数范围逐渐缩小，其表示范围如表 3.18 所示。

表 3.18　整型表示范围

SQL Server 系统提供的数据类型	字 节 数
bigint	占 8 个字节，值的范围为 $-2^{63} \sim 2^{63}-1$
int	占 4 个字节，值的范围为 $-2^{31} \sim 2^{31}-1$
smallint	占 2 个字节，值的范围为 $-32768 \sim 32\,767$
tinyint	占 1 个字节，值的范围为 $0 \sim 255$

2. 精确数字类型

精确数字类型数据由整数部分和小数部分构成，其所有的数字都是有效位，能够以完整的精度存储十进制数。精确整数型包括 decimal 和 numeric 两类。从功能上说两者完全等价，唯一的区别在于 decimal 不能用于带有 identity 关键字的列，其表示范围如表 3.19 所示。

表 3.19　精确数字类型表示范围

SQL Server 系统提供的数据类型	字 节 数
decimal [（p[，s]）]	p 为精度，最大 38；s 为小数位数，$0 \leqslant s \leqslant p$，默认值为 0
numeric [（p[，s]）]	在 SQL Server 中，等价于 decimal

关于精度与小数位数的使用举例如下：例如指定某列为精确数字类型，精度为 6，小数位数为 3，即 decimal（6，3），那么若向某记录的该列赋值 56.342 689 时，该列实际存储的是 56.342 7。

一般来说，当在金融应用程序中希望统一地描述数据（总有两位小数）并查询该列（例如，找出利率为 8.75% 的所有贷款）时，应该使用精确 numeric 数据类型。

3. 近似数字类型

顾名思义，这种类型不能提供精确表示数据的精度，使用这种类型来存储某些数值时，有可能损失一些精度，所以它可用于处理取值范围非常大且对精度要求不高的数据，如一些统计量。SQL Server 支持两种近似数据类型：float 和 real，其表示范围如表 3.20 所示。

表 3.20　近似数字类型表示范围

SQL Server 系统提供的数据类型	字　节　数
float［（n）］	从 −1.79E+308 到 1.79E+308 之间的浮点数字数据；n 为用于存储科学记数法尾数的位数，同时指示其精度和存储大小，1≤n≤53
real	从 3.40E+38 到 3.40E+38 之间的浮点数字数据，存储大小为 4 字节；SQL Server 中，real 的同义词为 float（24）

如果取整数值或要在值之间执行量的检查，那么应该避免使用近似数字类型。例如，在 WHERE 子句中要尽可能避免使用 float 和 real 数据类型的列。

4. 货币类型

SQL Server 提供 2 个专门用于处理货币的数据类型：money 和 smallmoney，它们用十进制数表示货币值，其表示范围如表 3.21 所示。

表 3.21　货币类型表示范围

SQL Server 系统提供的数据类型	字　节　数
money	占 8 个字节，值的范围为 −922 337 203 685 477.580 8 ～ +922 337 203 685 477.580 7
smallmoney	占 4 个字节，值的范围为 −214 748.3648 ～ 214 748.3647

当向表中插入 money 或 smallmoney 类型的值时，必须在数据前面加上货币表示符号（$），并且数据中间不能有逗号（,）；若货币值为负数，需要在符号 $ 的后面加上符号（−）。例如：$1 800.54，$590，$−23 000.98 都是正确的货币数据表示形式。

5. 日期和时间类型

SQL Server 提供两种数据类型用于存储日期和时间信息：datetime 和 smalldatetime。这两种数据类型之间的区别在于可能的日期范围和存储所需的字节个数。两种数据类型显示的范围和占用的字节数如表 3.22 所示。

表 3.22　日期和时间类型表示范围

SQL Server 系统提供的数据类型	字　节　数
datetime	占 8 个字节，表示从 1753 年 1 月 1 日到 9999 年 12 月 31 日的日期
smalldatetime	占 4 个字节，表示从 1900 年 1 月 1 日至 2079 年 6 月 6 日的日期

当存储 datetime 数据类型时，默认的格式是 mm dd yyyy hh：mm A.M./P.M，当插入数据或者在其他地方使用 datetime 数据类型时，需要用单引号把它括起来。默认的时间日期是 January 1，1900 12：00 A.M。可以接受的输入格式如下：Jan 4 1999、JAN 4 1999、January 4 1999、Jan 1999 4、1999 4 Jan 和 1999 Jan 4。

smalldatetime 数据类型存储长度为 4 字节，前 2 字节用来存储 smalldatetime 类型数据中日期部分距 1900 年 1 月 1 日之后的天数；后 2 个字节用来存储 smalldatetime 类型数据中时间部分距中午 12 点的分钟数。用户输入 smalldatetime 类型数据的格式与 datetime 类型数据完全相同，只是它们的内部存储可能不相同。

6. 字符型和 unicode 字符型

字符型是 SQL Server 最常用的数据类型之一，它可以用来存储各种字母、数字符号和特殊符号。在使用字符数据类型时，需要在其前后加上英文单引号或者双引号，其表示范围如表 3.23 所示。

表 3.23　字符型和 ununicode 字符型表示范围

SQL Server 系统提供的数据类型	字　节　数
char [（n）]	存储字符个数为 0～8 000
varchar [（n）]	存储字符个数为 0～8 000
text	存储字符个数为 $0～2×10^9$
nchar [（n）]	存储字符个数为 0～4 000
nvarchar[（n）]	存储字符个数为 0～4 000
ntext	存储字符个数为 $0～1×10^9$

（1）char：其定义形式为 char（n），若不指定 n 值，系统默认 n 的值为 1。若输入数据的字符串长度小于 n，则系统自动在其后添加空格来填满设定好的空间；若输入的数据过长，将会截掉其超出部分。如果定义了一个 char 类型，而且允许该列为空，则该字段被当作 varchar 来处理。

（2）varchar：其定义形式为 varchar（n）。一般来说，当希望一个列的数据大小能够适应重大变化但该列数据不频繁更新时，使用可变长度的数据类型是更合适的。varchar 类型的存储空间是根据存储在表的每一列值的字符数变化的。例如定义 varchar（20），则它对应的字段最多可以存储 20 个字符，但是在每一列的长度达到 20 字节之前系统不会在其后添加空格来填满设定好的空间，因此使用 varchar 类型可以节省空间。但是为了维护 varchar 类型的存储，需要带有可变长度列的行需要特殊的偏移量。这些偏移量记录列的实际长度。比起那些不需要偏移量的固定长度行，计算和维护这些偏移量要求更多的头信息。维护偏移量需要执行少量的加法和减法。所以，对可变长度的字符类型进行维护，需要一些额外的开销。

（3）text：用于存储文本数据。表中列出的是理论数据，在实际应用时，要根据硬盘的存储空间而定。

（4）unicode 字符型：unicode 是"统一字符编码标准"，用于支持国际上非英语语种的字符数据的存储和处理。SQL Server 的 Unicode 字符型可以存储 unicode 标准字符集定义的各种字符。Unicode 字符数据类型包含 nchar、nvarchar、ntext 三种。

（5）nchar：n 的值默认为 1。长度为 2n 字节。若输入的字符串长度不足 n，将以空白字符补足。

（6）nvarchar：默认为 1。长度是所输入字符个数的两倍。

（7）ntext：当需要存储大量的字符数据，如较长的备注、日志信息等，字符型数据的最长 8 000 字符的限制可能使它们不能满足这种应用需求，此时可使用文本型数据。

7. 二进制型

二进制数据类型包括 binary 、varbinary 和 image，其表示范围如表 3.24 所示。

表 3.24　二进制数据类型表示范围

SQL Server 系统提供的数据类型	字　节　数
binary[（n）]	存储字节个数 0 ~ 8 000
varbinary[（n）]	存储字节个数 0 ~ 8 000
image	存储字节个数 0 ~ 2 G

（1）binary：其定义形式为 binary（n），数据的存储长度是固定的，即 $n+4$ 个字节，当输入的二进制数据长度小于 n 时，余下部分填充 0。二进制数据类型的最大长度（即 n 的最大值）为 8 000，常用于存储图像等数据。

（2）varbinary：其定义形式为 varbinary（n），数据的存储长度是变化的，它为实际所输入数据的长度加上 4 字节。其他含义同 binary。

（3）image：用于存储照片、目录图片或者图画，其理论容量为 $2^{31}-1$（2 147 483 647）个字节。其存储数据的模式与 text 数据类型相同，通常存储在 image 字段中的数据不能直接用 INSERT 语句直接输入。

8. 其他数据类型

（1）uniqueidentifier：有时候把 uniqueidentifier 数据类型比作全局唯一标识符（globally unique identifier，GUID）或全体唯一标识符（universal unique identifier，UUID）。GUID 或 UUID 为了实际需要，在不相关的计算机之间，通过某种方式产生的 128 位（16 字节）值，保证该值全局唯一。它正在成为一种识别分布式系统中数据、对象、软件应用程序和 applet 的重要方式。

（2）bit：位数据类型，其数据有两种取值：0 和 1，长度为 1 字节，在输入 0 以外的其他值时，系统均把它们当作 1 看待。这种数据类型常作为逻辑变量使用，用来表示真、假或是、否等二值选择。

（3）cursor：游标类型，这是变量或存储过程 OUTPUT 参数的一种数据类型，这些参数包含对游标的引用。使用 cursor 数据类型创建的变量可以为空。注意，对于 CREATE TABLE 语句中的列，不能使用 cursor 数据类型。

（4）timestamp：时间戳类型。若创建表时定义一个列的数据类型为时间戳类型，那么每当对该表加入新行或修改已有行时，都由系统自动将一个计数器值加到该列，即将原来的时间戳值加上一个增量。记录 timestamp 列的值实际上反映了系统对该记录修改的相对（相对于其他记录）顺序。一个表只能有 timestamp 列。timestamp 类型数据的值实际上是二进制格式数据，其长度为 8 字节。

（5）XML：可以存储 XML 数据的数据类型。

利用它可以将 XML 实例存储在字段中或者 XML 类型的变量中。注意，存储在 XML 中的数据不能超过 2 GB。

（6）table：table 数据类型能够保存函数结果，并把它当作局部变量数据类型。表中的列不可能是表类型。

（7）sql_variant：存储除 text、ntext、image、和 rowversion（timestamp）之外的任何其他合法 SQL Server 数据类型。

3.5.2　自定义数据类型

用户定义的数据类型要基于系统提供的数据类型来定义。在处理不同表或数据库中的共同数据元素时，用户定义的数据类型能进一步完善数据类型，确保其一致性。用户定义数据类型是针对特定的数据库来定义的。

1. 创建用户定义数据类型

在 SQL Server 2012 中创建用户定义数据类型有两种方法：在 SQL Server 管理平台上创建用户定义数据类型和使用 SQL 语句创建用户定义数据类型。

1）在 SQL Server 管理平台上创建用户定义数据类型

在 SQL Server 管理平台中，打开指定的服务器和数据库项（图 3.25），选择并展开"可编程性"项，接下来用鼠标右键单击"类型"选项，从弹出的快捷菜单中选择"新建"命令，然后选择"用户定义数据类型"选项，则会出现"新建用户定义数据类型"对话框，如图 3.26 所示。

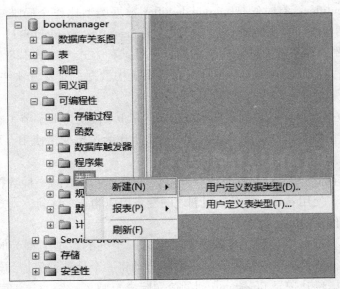

图 3.25　用户定义数据类型选项

在该对话框中，可以指定要定义的数据类型的名称、要继承的系统数据类型、某些数据类型还可以选择长度以及设置是否允许为 NULL 值等属性。最后，单击"确定"按钮，即可把用户自定义的数据类型对象添加到指定的数据库中。

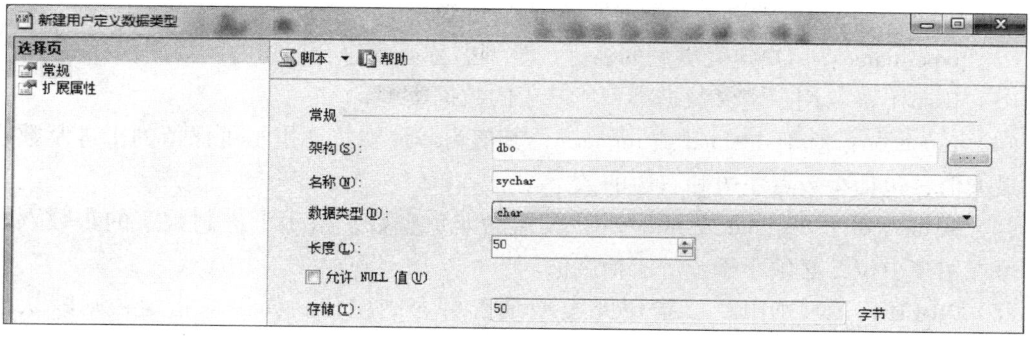

图 3.26　"新建用户定义数据类型"对话框

2）使用 SQL 语句创建用户定义数据类型

可以使用系统存储过程 sp_addtype 创建用户定义数据类型，语法格式如下：

```
sp_addtype [@ typename = ] type,
    [@ phystype = ] system_data_type
    [, [@ nulltype = ] 'null_type'] ;
```

其中：

[@ typename =] type：用户定义数据类型的名称。

[@ phystype =] system_data_type：用户定义数据类型所基于的物理数据类型或 SQL Server 提供的数据类型。

[@ nulltype =] 'null_type'：指示用户定义数据类型处理空值的方式。null_type 的数据类型为 varchar（8），默认值为 NULL，并且必须用单引号引起来（'NULL'、'NOT NULL' 或 'NONULL'）。

【特别说明】

（1）用户定义数据类型名称在数据库中必须是唯一的，但是名称不同的用户定义数据类型可以有相同的定义。用户定义数据类型不能通过使用 SQL Server timestamp、table、xml、varchar（max）、nvarchar（max）或 varbinary（max）数据类型定义。

（2）后续版本的 Microsoft SQL Server 将删除该功能。请避免在新的开发工作中使用该功能，并应着手修改当前还在使用该功能的应用程序。改为使用 CREATE TYPE。

其语法格式如下：

```
CREATE TYPE [schema_name. ] type_name
{
    FROM base_type
    [(precision [, scale])]
    [NULL | NOT NULL]
    | EXTERNAL NAME assembly_name [. class_name]
} [;]
```

其中：

（1）schema_name：用户定义类型所属架构的名称。

（2）type_name：用户定义类型的名称。类型名称必须符合标识符的规则。

（3）base_type：用户定义数据类型所基于的数据类型。

（4）precision：对于 decimal 或 numeric，其值为非负整数，指示可保留的十进制数字位数的最大值，包括小数点左边和右边的数字。

（5）scale：对于 decimal 或 numeric，其值为非负整数，指示十进制数字的小数点右边最多可保留多少位，必须小于或等于精度值。

（6）NULL｜NOT NULL：指定此类型是否可容纳空值。如果未指定，则默认值为NULL。

（7）assembly_name：指定可在公共语言运行库中引用用户定义类型的实现的 SQL Server程序集。assembly_name 应与当前数据库的 SQL Server 中的现有程序集匹配。

（8）[. class_name]：指定实现用户定义类型的程序集内的类。

【用户定义数据类型参考1】创建一个自定义的邮政编码（zipcode）数据类型。

```
Exec sp_addtype zipcode,'char(6)'
```

或

```
create type zipcode from char(6)
```

【用户定义数据类型参考2】创建一个自定义的 isbn 号（isbn）的数据类型。

```
Exec sp_addtype isbn, 'smallint', 'NOT NULL'
```

或

```
create type isbn from smallint   not null
```

2. 删除用户定义数据类型

同创建用户定义的数据类型一样，删除用户定义的数据类型也有两种方法：使用 SQLServer 管理平台删除用户定义数据类型和 SQL 语句删除用户定义数据类型。

1）使用 SQL Server 管理平台删除用户定义数据类型

如图 3.27 所示，在 SQL Server 管理平台中选中要删除的用户定义的数据类型，单击鼠标右键，可以从弹出的快捷菜单中选择"删除"选项，就会出现"删除对象"对话框，单击"确定"按钮就可以删除了。但要注意的是，如果要删除的数据类型在数据库中正在使用，就不能够删除，除非将使用中的数据类型改变状态，才可以在数据库中成功删除。

2）用 SQL 语句删除用户定义数据类型

用 SQL 语句删除用户定义数据类型也有两种方法：使用系统存储过程 sp_droptype 和使用 DROP TYPE 语句。

（1）使用系统存储过程 sp_droptype 的语法如下：

```
sp_droptype [@ typename = ]'type'
[@ typename = ]'type'：所拥有的用户定义数据类型的名称。
```

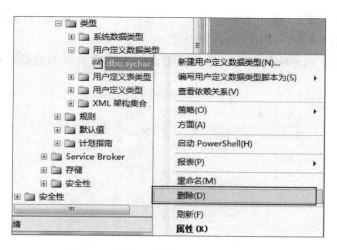

图 3.27　删除用户定义数据类型的选项

（2）使用 DROP TYPE 语句的语法如下：

DROP TYPE ［schema_name.］ type_name ［;］
schema_name：用户定义的类型所属的架构名。
type_name：要删除的用户定义的类型的名称。

【用户定义数据类型参考3】删除在参考1中创建的邮政编码（zipcode）数据类型。

sp_droptype zipcode

或

drop type zipcode

【用户定义数据类型参考4】删除在参考2中创建的 isbn 号（isbn）的数据类型。

sp_droptype isbn

或

drop type isbn

3.5.3　选择数据类型的指导原则

在选择数据类型及平衡考虑需求和存储空间关系时，请考虑下述原则：

（1）如果列的长度可变，就使用变长数据类型。例如，一个名称列表，可以用 varchar 来代替 char。

（2）在为数据列选择数据类型时，要充分考虑到未来的发展可能出现的情况，假如你拥有一个不断发展的、位于许多场所的图书销售业务，而在数据库中把商店标识符指定为 tinyin 数据类型，那么当你决定第 256 家商店开张时，就会发生问题。

（3）对于数字数据类型来说，数值大小和所需要的精度有助于做出相应的决定，一般来说，使用 decimal 。

（4）如果存储量超过 8 000 字节，使用 text 或 image；如果存储量小于 8 000 字节，使用

binary 或 char，如果可能，最好使用 varchar，因为它比 text 和 image 有更强的功能。

（5）对货币数据来说，使用 money 数据类型。

（6）不要把 float 和 real 数据类型作为主键，因为这些类型的值是不精确的，它们不适于在比较中使用。

查询借阅系统数据

【子项目背景】

T大学的教师和学生在了解了图书借阅过程实施了信息化管理，采用了数据库管理模式后，纷纷提出各种各样的查询要求，部分查询任务如表4.1所示。

表4.1　查询任务

查询需求序号	查　询　要　求
1	查询不同班级的男（女）同学的信息并进行统计
2	查询每个学生一段时间内的借书记录
3	查询每个老师一段时间内的借书记录
4	查询是否有过超期借阅信息
5	查询每个分类下的图书的数量
6	查询每年图书的上架情况，并进行分析
7	查询每个部门的教师人数

要完成以上的查询需求，需要采用新的方法——数据库查询。所谓的数据库查询，就是用户向数据库提出问题，数据库就能根据现有的数据做出回答，不过，提问的方式必须遵照数据库的约定，即必须使用数据查询语言。只要掌握数据查询语言并采用正确的查询方法，数据库就一定能回答要查询的问题。

【任务分析】

调查项目背景，在本子项目中需要完成的查询需求，有涉及一个表的，有涉及两个表的，也有涉及多个表的；有的查询结果需要依赖于另一个查询结果，有的查询结果需要对数据分组。

根据以上分析，将数据查询的任务分为5个子任务，如表4.2所示。

表4.2　查询任务分解

序号	名　称	任　务　内　容	方　法	目　标
1	使用简单查询检索数据	掌握查询语句的基本构成，并灵活掌握每部分的用法	讲解＋分组讨论	能够完成查询一个表中的数据

续表

序号	名　称	任务内容	方　法	目　标
2	使用分组和汇总检索数据	掌握常用聚合函数的用法，理解 GROUP BY、HAVING、COMPUTE 等方法	讲解＋分组讨论	能够完成简单的统计
3	使用连接查询检索数据	掌握内、外连接的使用方法，了解自连接的使用	讲解＋分组讨论	能够完成两个及以上表数据的查询
4	使用子查询检索数据	掌握子查询的使用方法	讲解＋分组讨论	能够在一个结果中找到一部分自己想要的数据
5	使用视图检索数据	掌握视图的使用方法，并会选择合适场景使用视图	讲解＋分组讨论	对于经常使用的查询能够创建视图

任务4.1　使用简单查询检索数据

【任务目标】

使用 SELECT 语句从数据库中检索满足一定条件的数据，并能对检索结果做一定的处理以满足不同的需要。

【任务实施】

通过使用 DML 语句中的 SELECT 语句进行数据查询，采用简单查询的方式，根据用户的需求进行查询语句的编写，完成用户查询目标。

4.1.1　如何使用 SELECT 语句

SELECT 语句是数据库应用技术的核心，学习 SQL Server 的过程中使用最多的就是 SELECT语句。SELECT 语句除了有一些基本的格式以外，我们还主要从选择列、使用 WHERE 子句和设置结果集格式等几个方面介绍如何使用简单的 SELECT 语句。当构造 SELECT语句时，熟悉所有的这些可能的选项能够帮助更有效地实现数据的查询。

T－SQL 查询中应用最广、也是最基本、最重要的就是 SELECT 语句了。SELECT 语句的基本作用是让数据库服务器根据客户端的请求搜索出满足用户所需要的数据并按照规定的格式整理成"结果集"返回给客户端。SELECT 语句除了可以查询一般的数据库的表和视图的数据外，还可以查询系统的一些信息。可以说 SELECT 语句就是整个 T－SQL 语言的灵魂。

SELECT 语句的语法结构如下：

```
select ［ALL｜DISTINCT］［TOPn］ <选择列表>          －－查询目标列
［FROM］｛<表或视图名>｝［,...n］                     －－从某些表或者视图
［WHERE］ <选择条件>                                －－根据选择条件筛选
［GROUP BY］｛<分组表达式>｝［,...n］                －－分组子句
    ［HAVING］ <分组条件>                           －－分组后选择条件筛选
［ORDER BY］｛<字段名［ASC｜DESC］>｝［,...n］        －－查询结果排序
```

其中：

（1）用［］括起来的是可选项，SELECT 是必需的。

（2）选择列表指定了要返回的列。

（3）WHERE 子句指定限制查询的条件。

在选择条件中，可以使用比较操作符、字符串、逻辑操作符来限制返回的行数。

（4）FROM 子句指定了返回的行和列所属的表。

（5）DISTINCT 选项从结果集中消除了重复的行，TOP n 选项限定了要返回的行数。

（6）GROUP BY 子句是对结果集进行分组。

（7）HAVING 子句是在分组的时候，对字段或表达式指定搜索条件。

（8）ORDER BY 子句对结果集按某种条件进行排序，ASC 升序（默认），DESC 降序。

1．选择列

使用 SELECT 语句可以选择查询表中的任意列，其中，＜选择列表＞指出要查询的列的名称，可以为一个或多个列。当为多个列时，中间要用"，"分隔。FROM 子句指出从什么表或视图中提取数据，如果从多个表中取数据，则每个表的表名都要写出，且表名之间用"，"分隔。下面利用本项目中用到的查询来介绍查询的基本用法。

1）选择所有列

在 SELECT 语句中，可以使用星号（＊）指代表或视图中的所有列，用户也可以列举出表中每个列的列名，列名之间使用"，"分割。

【查询 1】查询 Student 表中所有学生信息。

```
select    *
from student
```

或

```
select sno,sname,ssex,borndate,classname,telephone,enrolldate,address,comment
from student
```

在 SQL Server 的查询编辑器中运行上述语句，执行结果如图 4.1 所示。

	sno	sname	ssex	borndate	classname	telephone	enrolldate	address	comment
1	05331101	张曼	女	1993-05-03 00:00:00.000	计算机应用	98602354822	2005-09-01 00:00:00.000	辽宁沈阳	NULL
2	05331102	刘迪	女	1994-10-20 00:00:00.000	计算机应用	93893220935	2005-09-01 00:00:00.000	辽宁抚顺	NULL
3	05331103	刘凯	男	1982-05-30 00:00:00.000	计算机应用	98641330245	2005-09-01 00:00:00.000	辽宁鞍山	NULL
4	05331104	王越	男	1991-09-19 00:00:00.000	计算机应用	98641320940	2005-09-01 00:00:00.000	辽宁营口	NULL
5	05331105	李楠	女	1995-03-16 00:00:00.000	计算机应用	98641328449	2005-09-01 00:00:00.000	辽宁锦州	NULL
6	05331106	胡林	男	1992-07-03 00:00:00.000	计算机应用	98641326996	2005-09-01 00:00:00.000	辽宁沈阳	NULL
7	06102534	杨超	男	1990-10-01 00:00:00.000	机械设计	93893245623	2006-09-01 00:00:00.000	河北石…	NULL
8	05331107	李莉	N…	NULL	计算机应用	98641327126	2005-09-01 00:00:00.000	江苏	NULL
9	05301101	张曼	女	1998-05-04 00:00:00.000	053011	NULL	NULL	NULL	NULL
10	05301209	李玲	女	1993-01-01 00:00:00.000	计算机科…	99989996158	2005-09-01 00:00:00.000	辽宁沈阳	NULL
11	05301210	李鑫	N…	1998-05-03 00:00:00.000	NULL	NULL	NULL	NULL	NULL

图 4.1　查询 1 执行结果

2）选择特定列

若要选择表中的特定列，应在选择列表中明确地列出欲选择的列名，列名之间使用

"，"分隔。

【查询 2】 制作简单点名册，列出每个同学的学号和姓名。

```
select sno,sname
from student
```

在 SQL Server 的查询编辑器中运行上述语句，执行结果如图 4.2 所示。

	sno	sname
1	05331101	张曼
2	05331102	刘迪
3	05331103	刘凯
4	05331104	王越
5	05331105	李楠
6	05331106	胡栋
7	06102534	杨超
8	05331107	李莉
9	05301101	张曼
10	05301209	李玲
11	05301210	李鑫

图 4.2 查询 2 执行结果

2. 使用 WHERE 子句

在检索的过程中，经常需要根据一定的条件对数据进行过滤、筛选，可以使用 WHERE 子句指定选择条件，从表中提取或显示满足该查询条件的记录。

1）使用比较运算符

（1）含义：使用比较运算符进行筛选，常用的比较运算符有："＞""＜""＞＝""＜＝""＝""！＝""＜＞"，其中"！＝""＜＞"都代表不等于的含义。

（2）表示方法：列比较运算符值。

【查询 3】 查询学号为 19331101 的学生信息。

```
select *
from student
where sno = '19331101'
```

在 SQL Server 的查询编辑器中运行上述语句，执行结果如图 4.3 所示。

	sno	sname	ssex	borndate	classname	telephone	enrolldate	address	comment
1	19331101	张曼	女	1999-05-03 00:00:00.000	计算机应用	98602354856	2019-09-01 00:00:00.000	辽宁沈阳	NULL

图 4.3 查询 3 执行结果

【查询 4】 查询年龄小于 20 岁的所有学生信息。

```
select *
from student
where 2020 - year(borndate) < 20
```

由于在数据表中定义的是学生的出生日期，所以要把出生日期换算为年龄，这里用到了一个函数 year（日期），主要作用是取得日期类型的"年"用来计算，其返回值为整型。这是我们在进行数据库查询时经常要做的一项工作。

在 SQL Server 的查询编辑器中运行上述语句，执行结果如图 4.4 所示。

	sno	sname	ssex	borndate	classname	telephone	enrolldate	address	comment
1	19331105	李楠	女	2001-03-16 00:00:00.000	计算机应用	98641328449	2019-09-01 00:00:00.000	辽宁锦州	NULL
2	19301210	李鑫	NULL	2001-06-05 00:00:00.000	NULL	NULL	NULL	NULL	NULL

图 4.4 查询 4 执行结果

3）使用字符串比较符 LIKE

（1）含义：模糊查询，体现用户不能确定的精确匹配的查询需求。

（2）表示方法：列 like' 匹配串 '

1）LIKE 只可用于下列数据类型：char、nchar、varchar、nvarchar 和 datetime。

2）匹配串中使用通配符来表示用户模糊查询的内容，常用通配符如表4.3所示。

表4.3　常用通配符

通配符	描述
%	0 或多个字符串
_	任何单个的字符
[ ]	在指定区域或集合内的任何单个字符
[^]	不在指定区域或集合内的任何单个字符

【查询5】查询所有姓刘的学生信息。

```
select    *
from student
where sname like' 刘% '
```

在 SQL Server 的查询编辑器中运行上述语句，执行结果如图4.5所示。

	sno	sname	ssex	borndate	classname	telephone	enrolldate	address	comment
1	19331102	刘迪	女	2000-10-20 00:00:00.000	计算机应用	93893550935	2019-09-01 00:00:00.000	辽宁抚顺	NULL
2	19331103	刘凯	男	1999-05-30 00:00:00.000	计算机应用	98642340245	2019-09-01 00:00:00.000	辽宁鞍山	NULL

图4.5　查询5执行结果

4）使用逻辑运算符

（1）含义：使用逻辑运算符 AND、OR 和 NOT 来连接一系列表达式并且简化查询处理。当有两个或更多的表达式作为搜索条件时，可以使用括号。

（2）表示方法：表达式1 逻辑运算符 表达式2。

①使用 AND 查询满足所有搜索条件的行。

【查询6】查询性别为女且 1999 年出生的学生信息。

```
select  *
from student
where ssex = ' 女 'and year( borndate) = 1999
```

在 SQL Server 的查询编辑器中运行上述语句，执行结果如图4.6所示。

	sno	sname	ssex	borndate	classname	telephone	enrolldate	address	comment
1	19331101	张曼	女	1999-05-03 00:00:00.000	计算机应用	98602354856	2019-09-01 00:00:00.000	辽宁沈阳	NULL

图4.6　查询6执行结果

②使用 OR 运算符查询满足任一搜索条件的行。

【查询7】查询性别为女或 1999 年出生的学生信息。

```
select  *
from student
where ssex = ' 女 'or year( borndate) = 1999
```

在 SQL Server 的查询编辑器中运行上述语句，执行结果如图 4.7 所示。

	sno	sname	ssex	borndate	classname	telephone	enrolldate	address	comment
1	19331101	张曼	女	1999-05-03 00:00:00.000	计算机应用	98602354856	2019-09-01 00:00:00.000	辽宁沈阳	NULL
2	19331102	刘迪	女	2000-10-20 00:00:00.000	计算机应用	93893550935	2019-09-01 00:00:00.000	辽宁抚顺	NULL
3	19331103	刘凯	男	1999-05-30 00:00:00.000	计算机应用	98642340245	2019-09-01 00:00:00.000	辽宁鞍山	NULL
4	19331104	王越	男	1999-09-19 00:00:00.000	计算机应用	98641320940	2019-09-01 00:00:00.000	辽宁营口	NULL
5	19331105	李楠	女	2001-03-16 00:00:00.000	计算机应用	98641328449	2019-09-01 00:00:00.000	辽宁锦州	NULL
6	19331106	胡栋	男	1999-07-03 00:00:00.000	计算机应用	98641326996	2019-09-01 00:00:00.000	辽宁沈阳	NULL
7	19301209	李玲	女	1998-01-01 00:00:00.000	计算机科...	99989996158	2019-09-01 00:00:00.000	辽宁沈阳	NULL
8	19331110	张曼	女	2000-05-03 00:00:00.000	NULL	NULL	NULL	NULL	NULL

图 4.7　查询 7 执行结果

5）查询一定范围内的值 BETWEEN... AND

（1）含义：在 WHERE 子句中，可使用 BETWEEN 搜索条件检索在指定取值范围内的行。当使用 BETWEEN 搜索条件时，需要注意，在结果集中，将包含边界值。

（2）表示方法：列 between 值 1 and 值 2。

【查询 8】查询年龄在 19 到 21 岁之间的所有学生信息。

```
select  *
from student
where 2020 - year(borndate) between 19 and 21
```

在 SQL Server 的查询编辑器中运行上述语句，执行结果如图 4.8 所示。

	sno	sname	ssex	borndate	classname	telephone	enrolldate	address	comment
1	19331101	张曼	女	1999-05-03 00:00:00.000	计算机应用	98602354856	2019-09-01 00:00:00.000	辽宁沈阳	NULL
2	19331102	刘迪	女	2000-10-20 00:00:00.000	计算机应用	93893550935	2019-09-01 00:00:00.000	辽宁抚顺	NULL
3	19331103	刘凯	男	1999-05-30 00:00:00.000	计算机应用	98642340245	2019-09-01 00:00:00.000	辽宁鞍山	NULL
4	19331104	王越	男	1999-09-19 00:00:00.000	计算机应用	98641320940	2019-09-01 00:00:00.000	辽宁营口	NULL
5	19331105	李楠	女	2001-03-16 00:00:00.000	计算机应用	98641328449	2019-09-01 00:00:00.000	辽宁锦州	NULL
6	19331106	胡栋	男	1999-07-03 00:00:00.000	计算机应用	98641326996	2019-09-01 00:00:00.000	辽宁沈阳	NULL
7	18102534	杨超	男	2000-10-01 00:00:00.000	机械设计	93893245623	2018-09-01 00:00:00.000	河北石家庄	NULL
8	19301210	李鑫	NULL	2001-06-05 00:00:00.000	NULL	NULL	NULL	NULL	NULL
9	19331110	张曼	女	2000-05-03 00:00:00.000	NULL	NULL	NULL	NULL	NULL

图 4.8　查询 8 执行结果

6）使用值列表作为搜索条件 IN

（1）含义：在 WHERE 子句中，可使用 IN 搜索条件检索与指定值列表相匹配的行。

（2）表示方法：列 in（值的集合）

【查询 9】查询学号为 19331101、19331102、19331104 的学生信息。

```
select  *
from student
where sno in('19331101','19331102','19331104')
```

在 SQL Server 的查询编辑器中运行上述语句，执行结果如图 4.9 所示。

	sno	sname	ssex	borndate	classname	telephone	enrolldate	address	comment
1	19331101	张曼	女	1999-05-03 00:00:00.000	计算机应用	98602354856	2019-09-01 00:00:00.000	辽宁沈阳	NULL
2	19331102	刘迪	女	2000-10-20 00:00:00.000	计算机应用	93893550935	2019-09-01 00:00:00.000	辽宁抚顺	NULL
3	19331104	王越	男	1999-09-19 00:00:00.000	计算机应用	98641320940	2019-09-01 00:00:00.000	辽宁营口	NULL

图 4.9　查询 9 执行结果

7）检索未知值

（1）含义：如果在数据输入过程中，没有给某列输入值并且该列也没有定义默认值，那么该列就存在一个空值。空值不等同于数值0或空字符。使用 IS NULL 搜索条件可检索那些指定列中遗漏信息的行。

（2）表示方法：列 is null

【查询10】查询部门表（dept）中职责列为 NULL 的记录。

```
select  *
from dept
where duty is null
```

在 SQL Server 的查询编辑器中运行上述语句，执行结果如图4.10所示。

3. 设置结果集格式

通过对列出的结果集排序、消除重复行、将列名改为列别名或使用字面值替代结果集的值，能改变结果集的可读性。这些格式选项并不会改变数据，只是改变了数据的表示方式。

图4.10　查询10执行结果

1）使用 ORDER BY 语句为数据排序

通过在可以使用 ORDER BY 子句对结果集中的行进行升序（ASC）或降序（DESC）排列。当使用 ORDER BY 子句时，需要注意以下事项和原则：

（1）在默认情况下，SQL Server 将结果集按升序排列。

（2）ORDER BY 子句包含的列并不一定要出现在选择列表中。

（3）可以通过列名、计算的值或表达式进行排序。

（4）升序为默认方式，可以省略不写。

【查询11】将图书表（book）中的记录按馆藏数量升序排列显示。

```
select  *
from book
order by bqu asc
```

在 SQL Server 的查询编辑器中运行上述语句，执行结果如图4.11所示。

	bno	Bname	Bcateno	Bauthor	Bpress	Bprice	Bisbn	Bqu
1	b00002	数据库原理及应用	tp312	欧阳	电子工业出版社	32.0	7121031655	6
2	b00005	数据结构	tp312	杨丽	清华大学出版社	39.0	7121031659	6
3	b00004	管理信息系统	tp42	李勇	高等教育出版社	35.0	7121031656	8
4	b00001	C语言程序设计	tp1	李勇	清华大学出版社	30.0	7121031651	10
5	b00003	123进阶听力	tp2	欧阳	清华大学出版社	28.0	7121031653	10

图4.11　查询11执行结果

2）使用 DISTINCT 来消除重复行

如果要去掉重复的显示行，可以在列名前加上 DISTINCT 关键字。

【查询12】只显示图书表（Book）中，不同的馆藏数量，并按数量升序排序。

```
select distinct bqu from book
order by bqu
```

在 SQL Server 的查询编辑器中运行上述语句，执行结果如图 4.12 所示。

图 4.12　查询 12 执行结果

3）使用 AS 关键字来改变字段名

当显示查询结果时，选择列表通常是以原表中的列名作为标题显示。为了改变查询结果中显示的标题，可在列名后使用"AS 标题名"（其中 AS 可省略），创建更具可读性的标题名来取代默认的列名。

【查询 13】将图书表的内容按照如下方式排列，字段名分别显示为书号、书名、作者。

其命令代码如下：

```
select bno as' 书号 ',bname as    ' 书名 ',bauthor as' 作者 '
from book
```

在 SQL Server 的查询编辑器中运行上述语句，执行结果如图 4.13 所示。

4.1.2　借阅系统的简单查询

通过对前面 SELECT 语句的学习，已经知道从数据库中查询数据主要就是通过 SELECT 语句来完成的。

	书号	书名	作者
1	b00001	C语言程序设计	李勇
2	b00002	数据库原理与应用	欧阳
3	b00003	123进阶听力	欧阳
4	b00004	管理信息系统	李勇
5	b00005	数据结构	杨丽

图 4.13　查询 13 执行结果

1. 基本情况分析

在开始工作任务之前，先来观摩任务的工作过程，任务名称是"查询不同学生一段时间内的借书记录"，要求按借书时间从近到远进行排序。

（1）首先，这是一个查询任务，数据来自数据表 ST－B 中，可以使用 SELECT 语句进行查询，即：

```
select ＊ from ST－B
```

（2）若要查询的数据不是全部学生的借阅信息，只是某一个学生一段时间内的借书信息，所以需要使用 WHERE 子句，即：

```
select ＊ from ST－B where sno = '19331101' and bdate between'2019－9－1' and '2019－12－1'
```

（3）要求对查询结果进行排序，需要使用 ORDER BY 子句，而且日期是从近到远，所以日期应该降序排序，即：

```
select ＊ from ST－B
where sno = '19331101' and bdate between '2019－9－1' and '2019－12－1'
order by bdate desc
```

（4）为了使显示的数据更加直观，为每个列起个直观的名字（别名），即 AS 子句。

```
select   sno as' 学号 ',bno as' 书号 ',bdate as' 借阅日期 ',bykdate as' 应还书日期 ',bkdate as' 实际还书日期 '
from st_b
where sno = '19331101' and bdate between '2019－9－1' and '2019－12－1'
order by bdate desc
```

经过以上 4 个步骤的分析，每个步骤解决一个问题，然后把这些步骤综合起来，最终就解决了子项目中要完成的任务。

2. 执行查询过程及结果

通过上述基本分析，可以得到图4.14所示的查询结果。

	学号	书号	借阅日期	应还书日期	实际还书日期
1	19331101	b00002	2019-11-01 00:00:00.000	2019-12-01 00:00:00.000	2019-11-20 00:00:00.000

图4.14　查询某个学生一段时间的借阅记录

任务4.2　使用分组和汇总检索数据

【任务目标】

使用SELECT语句能在进行基本查询的基础上，进行一些基础的统计工作，并生成规定形式的处理结果，以满足不同的需要。

【任务实施】

进行数据检索时，可能需要对数据进行分组或汇总。可使用GROUP BY和HAVING子句对数据进行分组和汇总，同时使用ROLLUP和CUBE运算符及GROUPING函数对组中的数据进行分组和汇总。另外，可使用COMPUTE和COMPUTE BY子句生成汇总报表，并列出结果集中的前 n 个记录。

4.2.1　如何使用数据的分组与汇总

1. 使用TOP n列出前 n 个记录

可以用TOP n关键字列出结果集中前 n 个记录。也可以使用TOP n PERCENT列出前百分之 n 条记录。两者用法相同。

【查询14】查询图书表中价格排列前三的记录。

```
select top 3  *
from book
order by bprice desc
```

在SQL Server的查询编辑器中运行上述语句，执行结果如图4.15所示。

	bno	bname	bcateno	bauthor	bpress	bprice	bisbn	bqu
1	b00005	数据结构	tp312	杨丽	清华大学出版社	39.0	7121031659	6
2	b00004	管理信息系统	tp42	李勇	高等教育出版社	35.0	7121031656	8
3	b00006	离散数学	tp312	李阳	高等教育出版社	35.0	7121033659	6

图4.15　查询14执行结果

在上面的查询中，价格为35元的书籍的记录有3条，如何将3条价格并列的记录都显示出来？在结果集中使用 WITH TIES 子句包含附加记录。使用 ORDER BY 子句时，当出现两个或多个记录和最后一条记录的值相等时。这些附加记录也将出现在结果集中。

```
select top 3 with ties  *
from book
order by bprice desc
```

在 SQL Server 的查询编辑器中运行上述语句，执行结果如图 4.16 所示。

	bno	bname	bcateno	bauthor	bpress	bprice	bisbn	bqu
1	b00005	数据结构	tp312	杨丽	清华大学出版社	39.0	7121031659	6
2	b00006	离散数学	tp312	李阳	高等教育出版社	35.0	7121033659	6
3	b00007	计算机网络技术	tp312	李阳	大连理工大学出版社	35.0	7122033659	7
4	b00004	管理信息系统	tp42	李勇	高等教育出版社	35.0	7121031656	8

图 4.16　查询 14 显示相同数据结果

2. 使用聚合函数

数据库的最大特点就是将各种分散的数据按照一定规律、条件进行分类组合，最后得出统计结果。SQL Server 中聚合函数的功能就是完成一定的统计功能。当聚合函数执行时，SQL Server 对整个表或表中的列组进行汇总、计算，然后针对指定列的每一个行集返回单个的汇总值。常用的聚合函数如表 4.4 所示。

表 4.4　常用的聚合函数表

聚合函数	描述
AVG（列）	计算表达式中平均值
COUNT（列）	表达式中值的数目
COUNT（＊）	所选择的行的数目
MAX（列）	表达式中的最大值
MIN（列）	表达式中最小值
SUM（列）	计算表达式中所有值的和

除了 COUNT（＊）函数之外，如果没有满足 WHERE 子句的行，所有的聚合函数都返回一个空值，而 COUNT（＊）函数则返回零。

【查询 15】返回图书表中的记录总数。

```
select count( ＊)
from book
```

执行结果为：7。

聚合函数可以与 SELECT 语句一同使用。所有聚合函数都具有确定性。任何时候用一组给定的输入值调用它们时，都返回相同的值。

【查询 16】查询图书表中价格最高的记录。

```
select max( bprice)
from book
```

在 SQL Server 的查询编辑器中运行上述语句，执行结果如图 4.17 所示。

3. 使用 GROUP BY 子句

在某列中，聚合函数只会产生一个所有行的汇总值。如果想在一列中生成多个汇总值，可以使用聚合函数与 GROUP BY 子句。使用 HAVING 子句和 GROUP BY 子句在结果集中返回满足限制条件的记录。

图 4.17　查询 16
执行结果

1）简单的 GROUP BY 子句

在某些列或表达式中使用 GROUP BY 子句，可以把表分成组并对组进行汇总。

【查询 17】显示每个部门的教师数量。

```
select deptno' 部门号 ',count( tno)' 教师数量 '
from teacher
group by deptno
```

在 SQL Server 的查询编辑器中运行上述语句，执行结果如图 4.18 所示。

2）使用 GROUP BY 子句和 HAVING 子句

对列或表达式使用 HAVING 子句为结果集中的组设置条件。

使用 HAVING 子句时，应注意：

（1）HAVING 子句只有与 GROUP BY 子句联合使用才能对分组进行约束。只使用 HAVING 子句而不使用 GROUP BY 子句是没有意义的。

（2）可以引用任何出现在选择列表中的列。

图 4.18　查询 17
执行结果

【查询 18】显示部门教师数量超过 1 人的记录。

```
select deptno' 部门号 ',count( tno)' 教师数量 '
from teacher
group by deptno
having count( tno) >1
```

在 SQL Server 的查询编辑器中运行上述语句，执行结果如图 4.19 所示。

3）COMPUTE 与 COMPUTE BY 子句

COMPUTE 子句生成合计作为附加的汇总列出现在结果集的最后。当与 By 一起使用时，COMPUTE 子句在结果集内对指定列进行分类汇总。使用 COMPUTE 和 COMPUTE BY 子句时，需要注意以下几个问题：

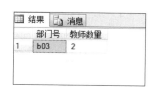

（1）DISTINCT 关键字不能与集合函数一起使用。

（2）COMPUTE 子句中指定的列必须是 SELECT 子句中已有的。

图 4.19　查询 18
执行结果

（3）因为 COMPUTE 子句产生非标准行，所以 COMPUTE 子句不能与 SELECT INTO 子句一起使用。

（4）COMPUTE BY 子句必须与 ORDER BY 子句一起使用，且 COMPUTE BY 中指定的列必须与 ORDER BY 中指定的列相同，或者为其子集，而且二者之间从左到右的顺序也必须相同。

（5）在 COMPUTE 子句中，不能使用 ntext、text 或、image 数据类型。

【查询 19】 查询清华大学出版社出版的所有图书，以及图书的最高价格，最低价格。

```
select *
from book
where bpress = ' 清华大学出版社 '          -- 查询清华大学出版社出版的图书
compute max( bprice ), min( bprice )        -- 附加的汇总列
```

在 SQL Server 的查询编辑器中运行上述语句，执行结果如图 4.20 所示。

	bno	bname	bcateno	bauthor	bpress	bprice	bisbn	bqu
1	b00001	C语言程序设计	tp1	李勇	清华大学出版社	30.0	7121031651	10
2	b00003	123进阶听力	tp2	欧阳	清华大学出版社	28.0	7121031653	10
3	b00005	数据结构	tp312	杨丽	清华大学出版社	39.0	7121031659	6

	max	min
1	39.0	28.0

图 4.20　查询 19 执行结果

4.2.2　借阅系统的高级查询

1. 基本情况分析

需要统计每个班级的男生人数和每个分类下的图书种类数量。该如何实现这些任务呢？

在前面所进行的数据查询任务中，是对数据表中记录的简单呈现，没有计算汇总等功能，其实，SELECT 语句功能是非常强大的，其 GROUP 子句、COMPUTE 子句结合聚合函数可以进行比较复杂的查询、汇总工作。

1）分析需要统计每个班级的男同学人数

（1）需要统计学生的信息，数据来自 student 表。

```
select * from student
```

（2）要查询的不是所有学生的信息，而是男生的信息，所以要增加 WHERE 条件。

```
select * from student where ssex = ' 男 '
```

（3）要按班级进行统计，需要按班级编号对数据进行分组。

```
select * from student
where ssex = ' 男 '
group by classname
```

（4）要统计每个班级男生的人数，需要对男生数进行计数。

```
select classname, count( * )    as 男生人数 from student
where ssex = ' 男 '
group by classname
```

（5）为了使显示结果，更具有可读性，增加别名。

```
select classname as 班级,count( * )  as 男生人数
from student
where ssex = ' 男 '
group by classname
```

其查询结果如图 4.21 所示。

2) 分析需要统计每个分类下的图书种类数量

要统计的是图书种类数量,所以数据来自 Book 表。

```
select * from book
```

(1) 要按每个图书类型编号进行统计,需要对数据按照图书类型编号进行分组。

```
select * from book
group by bcateno
```

(2) 要按图书类型编号统计图书种类数,需要对各个图书类型的图书种类数进行汇总。

```
select bcateno,count( bno)
from book
group by bcateno
```

(3) 为了使显示结果更具有可读性,所以增加别名。

```
select bcateno' 图书类型编号 ',count( bno)' 图书数量 '
from book
group by bcateno
```

其查询结果如图 4.22 所示。

2. 执行查询过程及结果

通过对上述两项任务的分析,分别可以得到如下两种查询结果。要统计的每个班级的男同学人数如图 4.21 所示,要统计每个分类下的图书种类数量如图 4.22 所示。

图 4.21 每个班级的男同学
人数查询结果

图 4.22 每个分类图书
数量查询结果

任务 4.3 使用连接查询检索数据

【任务目标】

使用 SELECT 语句不仅能在一个表中进行数据的查询和统计分析,也可以在多个数据表中取得数据,并形成最终的结果,那就是连接查询。本任务主要是利用连接查询完成从两表

或者多表中查询所需的数据，主要包括要按照类别进行图书管理、查询教师或者学生的借阅还书情况、教师部门信息管理等。

【任务实施】

通过使用连接查询方式完成用户查询需求，满足从多个表采集数据进行查询显示的想法，实现图书、图书借阅等内容的查询。

4.3.1　连接查询

前面介绍的查询都是针对一个表进行的，而实际中回答一个查询的相关数据往往存储在多个表中，那么查询就同时涉及两个或两个以上的表。这种查询称为连接查询。连接查询是关系数据库模型的主要特点，也是它区别于其他类型数据库管理系统的一个标志。

在关系数据库管理系统中，设计及创建关系表时，常把一个实体的所有信息存放在一个表中，把相关数据分散到不同的表中。检索数据时，连接操作可以查询出存放在多个表中的不同实体的信息，连接操作给用户带来很大的灵活性。

一般地，SQL 通过在 WHERE 条件中指定连接属性的匹配来实现连接操作，每两个参与连接的表需要指定一个连接条件，连接查询的结果为一个表，这使用户能将连接的结果再与其他表进行连接，从而可实现多个表之间的连接。

连接查询主要包括内连接、外连接、交叉连接和自连接等类型。

如果未指定连接方式，内连接是默认设置。连接条件可在 FROM 或 WHERE 子句中指定，建议在 FROM 子句中指定，WHERE 和 HAVING 子句也可以包含搜索条件，以进一步筛选连接条件所选的行。

1. 内连接

（1）含义：内连接把两个表中的数据连接生成第 3 个表。这个表中仅包含那些满足连接条件的数据行。内连接使用比较运算符，根据每个表共有的列的值匹配两个表中的行。表的连接条件常采用"主键 = 外键"的形式。通过在 FROM 子句中使用 inner join 连接运算符和 on 关键字指定连接条件。

（2）表示方法：

    from ＜表 1＞［inner］join ＜表 2＞ on ＜连接条件＞

其中：

①2 个表的连接需要 1 个连接条件。

②连接条件指定连接所基于的条件，通常使用字段和比较运算符。连接条件常用表示方法：

    表 1. 列 1　比较运算符　表 2. 列 2

③ inner 可以写也可以不写。

【查询 20】根据教师表和部门表查询教师编号为 t001 的教师姓名及所在部门的名字。

第一种方法：

```
select t. tname as 教师姓名,d. deptname as 所在部门
from teacher as t inner join dept as d
on t. deptno = d. dno
where tno = 't001'
```

或者

```
select t. tname as 教师姓名,d. deptname as 所在部门
from teacher as t join dept as d
on t. deptno = d. dno
where tno = 't001'
```

第二种方法：

```
select t. tname as 教师姓名,d. deptname as 所在部门
from teacher as t,dept as d
where t. deptno = d. dno and tno = 't001'
```

在 SQL Server 的查询编辑器中运行上述语句，执行结果如图 4.23 所示。

【特别说明】当 FROM 子句中指定了两个表，而这两个表又有同名字段，则使用这些字段时应在其字段名前冠以表名或者表的别名，表示为：表名. 列名，以示区别。

图 4.23　查询 20 执行结果

2. 外连接

（1）含义：内连接是保证两个表中所有的行都要满足连接条件，但是外连接则不然。在外连接中，不仅包括那些满足条件的数据，而且某些表不满足条件的数据也会显示在结果集中，即外连接只限制其中一个表的数据行，而不限制另外一个表中的数据。

（2）分类：在 SQL Server 2012 中，可以使用 3 种外连接，即左外连接、右外连接和完全外连接。

①左外连接。

使用 left join 或 left outer join 指定。左外连接的结果集包括 left outer 子句中指定的左表的所有行，如果左表的某行在右表中没有匹配行，则在结果集行中右表所选择的列均为空值。

其表示方法为：

```
from <表 1 > left [outer] join <表 2 > on <连接条件>
```

其中：

a. outer 可以写也可以不写。

b. 表 1 为主表，查询结果将保留表 1 的所有行。

c. 表 2 为副表，查询结果将保留符合连接条件的表 2 中的行，若没有符合连接条件的行则使用 NULL 填充。

【查询 21】查询所有学生的借阅图书情况。

```
select *
from student as s left   join ST – B
       on s. sno = ST – B. sno
```

在 SQL Server 的查询编辑器中运行上述语句，执行结果如图 4.24 所示。

	sno	sname	ssex	borndate	classname	telephone	enrolldate	address	comment	sno	Bno	Bdate	Bykdate	Bkdate
1	19331101	张曼	女	1999-05-03 00:00:00.000	计算应用	98602354856	2019-09-01 00:00:00.000	辽宁沈阳	NULL	19331101	b00002	2019-11-01 00:00:00.000	2019-12-01 00:00:00.000	2019-11...
2	19331101	张曼	女	1999-05-03 00:00:00.000	计算应用	98602354856	2019-09-01 00:00:00.000	辽宁沈阳	NULL	19331101	b00001	2019-11-01 00:00:00.000	2019-12-01 00:00:00.000	2019-11...
3	19331102	刘迪	女	2000-10-20 00:00:00.000	计算应用	93893550935	2019-09-01 00:00:00.000	辽宁抚顺	NULL	19331102	b00001	2019-09-09 00:00:00.000	2019-10-09 00:00:00.000	2019-10...
4	19331102	刘迪	女	2000-10-20 00:00:00.000	计算应用	93893550935	2019-09-01 00:00:00.000	辽宁抚顺	NULL	19331102	b00003	2019-12-01 00:00:00.000	2020-01-01 00:00:00.000	2019-12...
5	19331103	刘凯	男	1999-05-30 00:00:00.000	计算应用	98642340245	2019-09-01 00:00:00.000	辽宁鞍山	NULL	19331103	b00003	2020-01-02 00:00:00.000	2020-02-02 00:00:00.000	NULL
6	19331104	王越	男	1999-09-19 00:00:00.000	计算应用	98641320940	2019-09-01 00:00:00.000	辽宁营口	NULL	NULL	NULL	NULL	NULL	NULL
7	19331105	李楠	女	2001-03-16 00:00:00.000	计算应用	98641328449	2019-09-01 00:00:00.000	辽宁锦州	NULL	19331105	b00004	2019-10-11 00:00:00.000	2019-11-01 00:00:00.000	2019-11...
8	19331106	胡栋	男	1999-07-03 00:00:00.000	计算应用	98641326996	2019-09-01 00:00:00.000	辽宁沈阳	NULL	NULL	NULL	NULL	NULL	NULL
9	19331107	李莉	NULL	NULL	计算应用	98641327126	2019-09-01 00:00:00.000	江苏	NULL	NULL	NULL	NULL	NULL	NULL
10	18102534	杨超	男	2000-10-01 00:00:00.000	机械设计	93893245623	2018-09-01 00:00:00.000	河北石...	NULL	NULL	NULL	NULL	NULL	NULL
11	19301209	李玲	女	1998-01-01 00:00:00.000	计算机科...	99989996158	2019-09-01 00:00:00.000	辽宁沈阳	NULL	19301209	b00004	2020-01-03 00:00:00.000	2020-02-03 00:00:00.000	NULL
12	19301210	李鑫	女	2001-06-05 00:00:00.000	NULL	NULL	NULL	NULL	NULL	NULL	NULL	NULL	NULL	NULL
13	19331110	张曼	女	2000-05-03 00:00:00.000	NULL	NULL	NULL	NULL	NULL	NULL	NULL	NULL	NULL	NULL

图 4.24　查询 21 执行结果

执行查询时，先从表 1 取出一条记录，然后与表 2 的所有记录按"学号"进行比较。若有相同的值，则将表 2 中的这条记录与表 1 此记录组合成一条记录，直到表 1 这条记录与表 2 全部记录比较完成，表 2 有几条与表 1 中该学号相同的记录，就形成几条记录。再从表 1 取出第二条记录，与表 2 全部记录进行比较，重复前面过程，找出与表 1 第二条记录相匹配的表 2 中的记录（学号相同）。以此类推，找出表 1 与表 2 全部匹配的记录，其连接结果类似于图 4.25 所示。

	sno	aname	asex	borndate	classname	telephone	enrolldate	address	comment	sno	Bno	Bdate	Bykdate
1	19331101	张曼	女	1999-05-03 00:00:00.000	计算机应用	98602354856	2019-09-01 00:00:00.000	辽宁沈阳	NULL	19331101	b00002	2019-11-01 00:00:00.000	2019-12-01 00:00:00.000
2	19331101	张曼	女	1999-05-03 00:00:00.000	计算机应用	98602354856	2019-09-01 00:00:00.000	辽宁沈阳	NULL	19331101	b00001	2019-11-01 00:00:00.000	2019-12-01 00:00:00.000
3	19331102	刘迪	女	2000-10-20 00:00:00.000	计算机应用	93893550935	2019-09-01 00:00:00.000	辽宁抚顺	NULL	19331102	b00001	2019-09-09 00:00:00.000	2019-10-09 00:00:00.000
4	19331102	刘迪	女	2000-10-20 00:00:00.000	计算机应用	93893550935	2019-09-01 00:00:00.000	辽宁抚顺	NULL	19331102	b00003	2019-12-01 00:00:00.000	2020-01-01 00:00:00.000
5	19331103	刘凯	男	1999-05-30 00:00:00.000	计算机应用	98642340245	2019-09-01 00:00:00.000	辽宁鞍山	NULL	19331103	b00003	2020-01-02 00:00:00.000	2020-02-02 00:00:00.000
6	19331105	李楠	女	2001-03-16 00:00:00.000	计算机应用	98641328449	2019-09-01 00:00:00.000	辽宁锦州	NULL	19331105	b00004	2019-10-11 00:00:00.000	2019-11-01 00:00:00.000
7	19301209	李玲	女	1998-01-01 00:00:00.000	计算机科学与技术	99989996158	2019-09-01 00:00:00.000	辽宁沈阳	NULL	19301209	b00004	2020-01-03 00:00:00.000	2020-02-03 00:00:00.000

图 4.25　查询 21 中表 1 和表 2 符合连接条件的执行结果举例

如果表 1 "学生表"中的某个学生没有借阅过任何图书，即在学生借阅表中没有记录与它匹配，则在结果集合中同样具有该学生的数据行表 1 中的信息部分，而表 2 中该行的各字段信息均为空值，其连接结果类似于图 4.26。

	sno	sname	ssex	borndate	classname	telephone	enrolldate	address	comment	sno	Bno	Bdate	Bykdate	Bkdate
1	19331104	王越	男	1999-09-19 00:00:00.000	计算机应用	98641320940	2019-09-01 00:00:00.000	辽宁营口	NULL	NULL	NULL	NULL	NULL	NULL
2	19331106	胡栋	男	1999-07-03 00:00:00.000	计算机应用	98641326996	2019-09-01 00:00:00.000	辽宁沈阳	NULL	NULL	NULL	NULL	NULL	NULL
3	19331107	李莉	男	NULL	计算机应用	98641327126	2019-09-01 00:00:00.000	江苏	NULL	NULL	NULL	NULL	NULL	NULL
4	18102534	杨超	男	2000-10-01 00:00:00.000	机械设计	93893245623	2018-09-01 00:00:00.000	河北石家庄	NULL	NULL	NULL	NULL	NULL	NULL
5	19301210	李鑫	NULL	2001-06-05 00:00:00.000	NULL	NULL	NULL	NULL	NULL	NULL	NULL	NULL	NULL	NULL
6	19331110	张曼	女	2000-05-03 00:00:00.000	NULL	NULL	NULL	NULL	NULL	NULL	NULL	NULL	NULL	NULL

图 4.26　查询 21 中表 1 和表 2 不符合连接条件的执行结果举例

②右外连接。

使用关键字 right join 或 right outer join 指定。右外连接是左外连接的反向连接，执行过程与左外连接相反，是将右表中的所有记录依次与左表中的所有记录进行比较。如果右表的某行在左表中没有匹配行，则左表所有字段将为空值。

其表示方法为：

FROM ＜表 1＞ right［outer］join ＜表 2＞ on ＜连接条件＞

其中：

a. outer 可以写也可以不写。

b. 表 2 为主表，查询结果将保留表 2 的所有行。

c. 表 1 为副表，查询结果将保留符合连接条件的表 1 中的行，若没有符合连接条件的行则使用 NULL 填充。

【查询 22】查询所有图书被学生借阅的情况。

```
select *
from st - b right   join book
on st - b. bno = book. bno
```

在 SQL Server 的查询编辑器中运行上述语句，执行结果如图 4.27 所示。

	sno	Bno	Bdate	Bykdate	Bkdate	bno	Bname	Bcateno	Bauthor	Bpress	Bprice	Bisbn	Bqu
1	19331101	b00001	2019-11-01 00:00:00.000	2019-12-01 00:00:00.000	2019-11-20 00:00:00.000	b00001	C语言程序设计	tp1	李勇	清华大学出版社	30.0	7121031651	10
2	19331102	b00001	2019-09-09 00:00:00.000	2019-10-09 00:00:00.000	2019-10-06 00:00:00.000	b00001	C语言程序设计	tp1	李勇	清华大学出版社	30.0	7121031651	10
3	19331101	b00002	2019-11-01 00:00:00.000	2019-12-01 00:00:00.000	2019-11-20 00:00:00.000	b00002	数据库原理及应用	tp312	欧阳	电子工业出版社	28.0	7121031655	6
4	19331102	b00003	2019-12-01 00:00:00.000	2020-01-01 00:00:00.000	2019-12-30 00:00:00.000	b00003	123进阶听力	tp2	欧阳	清华大学出版社	28.0	7121031653	10
5	19331103	b00003	2020-01-02 00:00:00.000	2020-02-02 00:00:00.000	NULL	b00003	123进阶听力	tp2	欧阳	清华大学出版社	28.0	7121031653	10
6	19331105	b00004	2019-10-11 00:00:00.000	2019-11-11 00:00:00.000	2019-11-10 00:00:00.000	b00004	管理信息系统	tp42	李勇	高等教育出版社	35.0	7121031656	8
7	19301209	b00004	2020-01-03 00:00:00.000	2020-02-03 00:00:00.000	NULL	b00004	管理信息系统	tp42	李勇	高等教育出版社	35.0	7121031656	8
8	NULL	NULL	NULL	NULL	NULL	b00005	数据结构	tp312	杨丽	清华大学出版社	39.0	7121031655	6
9	NULL	NULL	NULL	NULL	NULL	b00006	离散数学	tp312	李阳	高等教育出版社	35.0	7121033659	5
10	NULL	NULL	NULL	NULL	NULL	b00007	计算机网络技术	tp312	李阳	大连理工大学…	35.0	7122033659	7

图 4.27　查询 22 执行结果

③完全外连接

使用关键字 full join 或者 full outer join 指定。完全外连接返回左表和右表的所有行。当某行在另一个表中没有匹配时，则另一个表的选择列均为空值。如果表之间有匹配行，则整个结果集行包含左表和右表的数据值。

3. 交叉连接

交叉连接也称为笛卡儿积，其结果集为两个来源表交叉匹配的结果，即查询结果中包含两个来源表中记录行数的乘积。

通过在 FROM 子句中使用 cross join 关键字，可以实现两个来源表之间的交叉连接。表示方法：

```
from <表 1> cross join <表 2> on <连接条件>
```

【特别说明】交叉连接返回的结果在大多数情况下是冗余无用的，所以应该采取措施尽量避免交叉连接的出现。

4. 自连接

连接操作不仅可以在不同的表上进行，而且在同一张表上也可以进行自身连接，即将同一个表的不同行连接起来。自连接可看作一张表的两个副本之间进行的连接。在引用表的两份副本时，必须使用表的别名。生成自连接时，表中每一行都和自身比较一下，并生成重复的记录，使用 WHERE 子句来消除这些重复记录。

【查询 23】用自连接的方法显示学生表中所有名字相同的学生的有关信息。

```
select distinct a. sno as 学号, a. sname as 姓名, a. ssex as 性别, a. borndate as 出生日期
from student as a join student as b
on a. sname = b. sname
where a. sno < > b. sno
```

在 SQL Server 的查询编辑器中运行上述语句，执行结果如图 4.28 所示。

	学号	姓名	性别	出生日期
1	19331101	张曼	女	1999-05-03 00:00:00
2	19331110	张曼	女	2000-05-03 00:00:00

图 4.28　查询 23 执行结果

4.3.2　借阅系统的连接查询

1. 基本情况分析

一个学期即将结束的时候，图书馆的管理教师需要查询本学期所有学生的借阅记录。

在前面所进行的数据查询任务中，所有的数据都来源于一个数据表，而在实际使用过程中，有很多情况的查询是需要涉及两个数据表的，一般来说，如果两个表 T1、T2 有相同的字段 F，则可通过连接查询来完成，连接条件是 T1. F = T2. F

要帮助查询本学期所有学生的借阅记录，分析方法如下：

（1）需要统计借阅记录的信息，数据来自 ST_B 表和 Student 表。

```
select * from ST_B, student
```

（2）需要统计学生姓名、图书名，数据来自 Student 表和 Book 表。

（3）要查询的借阅信息，所有有用的字段包括学号、姓名、借阅图书编号、图书名和借阅日期。

```
select sno,sname, bno,bname,st－b. bdate
from student, book,st－b
```

（4）要想成功查到准确数据，必须对以上的表进行连接查询。

```
select sno,sname,bno,bname,st－b. bdate
from student s join st－b on(s. sno = st－b. sno)
    join book on(st－b. bno = book. bno)
```

（5）要查的是当前学期的信息，以 2019 年秋季学期为例，要加入查询条件。

```
select sno,sname, bno,bname,st－b. bdate
from student s join st－b on(s. sno = st－b. sno)
    join book on(st－b. bno = book. bno)
where st－b. bdate between '2019－9－1' and '2020－1－15'
```

（6）为了使数据不存在二义，每一项数据都确切指明出自哪个表，对于在两个表中同时存在的字段，需要特别指出字段的来源；同时，为了使显示结果更具有可读性，增加别名。

```
select s. sno' 学号 ',sname' 学生姓名 ',
    book. bno' 书号 ',bname' 书名 ',st－b. bdate' 学生借书日期 '
from student s join st－b on(s. sno = st－b. sno)
    join book on(st－b. bno = book. bno)
where st－b. bdate between'2019－9－1' and '2020－1－15'
```

2. 执行查询过程及结果

分析上述任务可知，需要查询本学期所有学生的借阅记录情况，如图 4.29 所示。

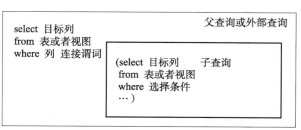

图4.29 本学期所有学生的借阅情况统计结果

任务4.4 使用子查询检索数据

【任务目标】

使用SELECT语句可以在一个表中进行数据的查询和统计分析，也可以在多个数据表中取得数据，同时也能基于某次查询的结果再次生成查询和统计，也就是SQL Server中查询是支持嵌套的。本次任务主要是帮助图书管理员老师查询借阅了《数据库原理与应用》一书的所有教师信息等。

【任务实施】

使用SELECT语句的嵌套可以完成用户的复杂查询需求，也可以替代连接查询方法实现用户的查询需求，通过不同的连接谓词实现子查询的操作。

4.4.1 子查询

子查询是指包含在某个SELECT、INSERT、UPDATE或DELETE语句中的SELECT查询。SELECT、INSERT、UPDATE或DELETE允许在表达式中使用子查询。当从表中选取数据行的条件依赖于该表本身或其他表的联合信息时，需要使用子查询来实现。子查询也称为内部查询，而包含子查询的语句称为外部查询或者父查询。其常用表示方法如图4.30所示。

```
select 目标列                              父查询或外部查询
from 表或者视图
where 列 连接谓词
                    (select 目标列      子查询
                    from 表或者视图
                    where 选择条件
                    … )
```

图4.30 子查询常用表示方法

1. 单值查询

有一类子查询的执行不依赖于外部查询或者父查询，其执行过程如下：

（1）执行子查询。

（2）子查询得到的结果传递给外部查询或者父查询，作为外部查询或者父查询的条件来使用。

（3）执行外部查询或者父查询并显示整个查询结果。

（4）连接谓词为比较运算符。

若子查询返回的结果是一个值，则叫作单值查询。

【查询24】查询价格低于书号为 b00004 的图书的书号和书名。

```
select bno,bname
from book
where bprice <
        (select bprice from book where bno = 'b00004')
```

在 SQL Server 的查询编辑器中运行上述语句，执行结果如图4.31所示。

图4.31　查询24执行结果

2. 多值查询

若返回的是一组值，则要在子查询前面使用 any、all、in 或 not in 逻辑运算符作为连接谓词。

（1）any：表示通过比较运算符，将一个表达式的值与子查询返回的一组值中的每一个进行比较。若在某次比较中运算结果为 True，则 any 测试返回 True；若每次比较结果均为 False，则 any 测试返回 False。

（2）all：表示通过比较运算符，将一个表达式的值与子查询返回的一组值中的每一个进行比较。若每次比较的结果均为 True，则 all 测试返回 True；只要有一次比较的结果为 False，则 all 测试返回 False。

【查询25】查询价格比高等教育出版社价格最高的图书售价还高的图书的书号、书名和销售价格。

```
select bno,bname,bprice
from book
where bprice > all
        (select max(bprice)from book
                where bpress = '高等教育出版社')
```

在 SQL Server 的查询编辑器中运行上述语句，执行结果如图4.32所示。

	bno	bname	bprice
1	b00005	数据结构	39.0

图4.32　查询25执行结果

3. 带 EXISTS 测试的子查询

EXISTS 测试一般用在 WHERE 子句中，其后为子查询，从而形成一个条件。当该子查询至少存在一个返回记录时，这个条件为 True，否则为 False。

【查询26】查询没有借过任何书籍的学生信息。

```
select * from student
where not exists
        (select * from st - b
            where st - b.sno = student.sno)
```

在 SQL Server 的查询编辑器中运行上述语句，执行结果如图 4.33 所示。

	sno	sname	ssex	borndate	classname	telephone	enrolldate	address	comment
1	19331104	王越	男	1999-09-19 00:00:00.000	计算机应用	98641320940	2019-09-01 00:00:00.000	辽宁营口	NULL
2	19331106	胡栋	男	1999-07-03 00:00:00.000	计算机应用	98641326996	2019-09-01 00:00:00.000	辽宁沈阳	NULL
3	19331107	李莉	NULL	NULL	计算机应用	98641327126	2019-09-01 00:00:00.000	江苏	NULL
4	18102534	杨超	男	2000-10-01 00:00:00.000	机械设计	93893245623	2018-09-01 00:00:00.000	河北石家庄	NULL
5	19301210	李鑫	NULL	2001-06-05 00:00:00.000	NULL	NULL	NULL	NULL	NULL
6	19331110	张曼	女	2000-05-03 00:00:00.000	NULL	NULL	NULL	NULL	NULL

图 4.33 查询 26 执行结果

4.4.2 借阅系统的子查询

1. 基本情况分析

在前面所进行的数据查询任务中，不管是从一个单独的数据表，还是同时从多个数据表中，所有的查询结果都是一次性可以从数据表中得到的，但这次的查询任务需要先知道该本图书的书号，才能知道都有谁借阅过该本图书。

要帮助图书管理员老师查询借阅了《数据库原理与应用》一书的所有教师信息，分析方法如下：

（1）将查询任务进行分级，首先在图书表中能够知道《数据库原理与应用》图书的编号。

```
select bno from book
where bname = ' 数据库原理与应用 '
```

（2）知道了图书编号后才能在借阅表中找到借阅该本图书的教师编号。

```
select tno from t_b where bno =
              (select bno from book where bname = ' 数据库原理与应用 ')
```

（3）知道了教师编号后才能在教师表中找出教师姓名，也就是最终要完成的任务。

```
select tname from teacher
where tno in (
          select tno from t_b
          where bno =
              (select bno from book
                  where bname = ' 数据库原理与应用 '))
```

使用子查询的任务分析过程，就是将要实现的任务进行分解，一步一步得出想要得到的结果。这样就能轻松地实现项目中规定的任务了。

2. 执行查询过程及结果

通过对上述任务的分析得出的对于图书管理员教师查询借阅了《数据库原理与应用》的所有教师信息请求结果如图 4.34 所示。

	tname
1	王煜

图 4.34 借阅《数据库原理与应用》图书的所有教师查询结果

任务 4.5　使用视图检索数据

【任务目标】

随着借阅系统的使用越来越多，很多学生、教师都来反复查询借阅和还书信息，每次生成 SQL 语句再执行查询，非常影响效率，所以需要有一种方法既简单又直观地将数据快速地呈现出来，并让相关人员可以方便地得到这些数据。

以往都是采用执行一个语句，得到一个结果集，这个结果集是所查询的表的一个子集，但是没有相应的数据库对象把这个结果集能保留下来。如果能有一个类似表一样的对象，来对应这个结果集，那么这个新的数据库对象就是所需要的数据。

视图能够完成相应的任务，而且每次执行又不复杂，所以本次项目的任务是创建学生借阅信息查询视图以及教师管理的视图，并有效地管理它们。

【任务实施】

通过对视图含义的理解，创建和维护视图，简化用户的操作，提升系统查询效率。

4.5.1　认识和创建视图

1. 视图的概念

关系数据库中的视图由概念数据库发展而来，是由若干基于经映像的语句构筑成的表，因此是一种导出的表。这种表本身不存在于数据库中，在库中只是保留其构造定义（即映像语句）。只有在实际操作时，才将它与操作语句结合转化为对基本表的操作，因此视图是一个虚拟表，并不表示任何物理数据，只是用来查看数据的窗口而已。视图与真正的表很类似，也是由一组命名的列和数据行所组成，其内容由查询所定义。

但是视图并不是以一组数据的形式存储在数据库中，数据库中只存放视图的定义，而不存放视图对应的数据，这些数据仍存放在导出视图的基本表中。当基本表中的数据发生变化时，从视图中查询出来的数据也随之改变。

视图中的数据行和列都来自基本表，是在视图被引用时动态生成的。使用视图可以集中、简化和定制用户的数据库显示，用户可以通过视图来访问数据，而不必直接去访问该视图的基本表。

视图由视图名和视图定义两部分组成。视图是从一个或几个表导出的表，实际上是一个查询结果，视图的名字和视图对应的查询存放在数据字典中。例如，某数据库中的某个基本表，对应一个存储文件。可以在其基础上定义一个表，然后在什么属性列上投影得到。在数据库中只存在有的定义，而记录不重复存储。在用户看来，视图是通过不同路径去看一个实际表，正如一个窗口一样，通过窗户去看外面的高楼，可以看到高楼的不同部分，而透过视图可以看到数据库中自己感兴趣的内容。

2. 视图的作用

为了使用户能够更方便地从数据库中查询数据，大多数数据库都包含视图。视图的作用如下：

（1）可以满足不同用户的需求，使用户可以从多角度看待同一数据。不同用户对数据库中的数据有不同的需求。一张基本表可能有很多属性列，利用视图，可以把用户感兴趣的属性列集中起来，放在一个视图中，此后用户可以将视图作为一张表来查询其数据。

（2）可以简化用户的数据读取操作。查询数据时，通常要用查询语句编写复杂的连接条件，统计函数，自定义函数等，以查询出用户期待的结果。使用视图可以将这种复杂性"透明化"，可以将经常用到的复杂查询的语句定义为视图，不必每次查询都写上复杂的查询条件，简化了查询操作。

（3）保证了基本表数据和应用程序的逻辑独立性。当应用程序通过视图访问数据时，视图实际上成为应用程序和基本表数据之间的桥梁。若应用程序直接调用基本表，则一旦基本表的结构发生变化，应用程序必须随之改动；而若通过视图访问数据，则可以通过改变视图来适应基本表的变化，使应用程序不必做改变，从而保证了基本表数据和应用程序的逻辑独立性。例如，查询，只依赖于视图的定义。当构成视图的基本表要修改时，只需修改视图定义中的子查询部分，而基于视图的查询不用改变。

（4）可以对数据提供安全保护。利用视图可以限制数据访问。如果某用户需要访问表中的某些列，而另一些属性列必须对该用户保密，则可以利用视图达到此目的，视图建立在该用户需要访问的那些列上。例如：某系教师只能访问本系的教师视图，无法访问其他系教师的数据。

3. 视图的优、缺点

1）视图的优点

（1）为用户集中数据。视图创建了一个受控环境，在允许对特定数据进行访问的同时，又隐藏其他数据。非必要的、敏感的或不合适的数据可以从视图中排除。用户可以像处理表中的数据一样处理视图中的数据的显示。此外，通过恰当的权限和多种限制，用户可修改视图所生成的数据。

（2）掩盖数据库复杂性。视图对用户隐藏了数据库设计的复杂性，这使开发人员能够更改设计但又不影响用户与数据库的交互。此外，由于可以用更易于理解的名称来创建视图，因此，呈现给用户的数据名称更友好，而不是数据库中常用的意思不精确的名称。

（3）复杂查询。包括对异类数据的分布式查询，也可通过视图进行掩蔽。用户查询视图，而不是编写查询或执行脚本。

（4）简化用户权限的管理。数据库所有者可授予用户只通过视图查询数据的权限，而不是授予他们查询基表中特定列的权限，这也可防止对底层基表的设计进行更改。用户可继续查询视图，而不会被中断，从而提高其性能。视图允许存储复杂查询的结果，其他查询可使用这些汇总结果。视图还允许对数据进行分区，可将各个分区放置在不同的计算机上，并为用户无缝地将其合并为一体。视图组织数据以便能够导出到其他应用程序。可创建基于连接两个或多个表的复杂查询的视图，然后将数据导出到另一个应用程序以便进行进一步分析。

2）视图的缺点

当更新视图中的数据时，实际上是对基本表的数据进行更新。事实上，当从视图中录入或者删除数据时，情况也是这样，然而，某些视图是不能更新数据的，这些视图有如下特征：

（1）有集合操作符的视图。

（2）有分组子句的视图。

（3）有集合函数的视图。

（4）连接表的视图。

4. 视图的创建要求

创建视图时应注意以下几个问题：

（1）只能在当前数据库中创建视图。

（2）视图名称必须遵循标识符规则，并且必须与数据库中的任何其他视图名或表名不同。

（3）可基于其他视图构建视图。嵌套不能超过 32 层，但是也可能受到视图负责性以及可用内存的限制。

（4）视图最多可包含 1 024 列。

（5）以下情况必须指定列名：

①视图的任何一列是从算术表达式、内置函数或常量派生的。

②将进行连接的表中有同名的列。

（6）不能创建临时视图，也不能基于临时表创建视图。

（7）不能在定义视图的查询中包含 COMPUTER、COMPUTER BY 子句或 INTO 关键字。

（8）不能在定义视图的查询中包含 ORDER BY 子句。

5. 使用图形工具创建视图

使用管理平台创建视图的方法如下：

（1）在"对象资源管理器"中依次展开服务器，找到数据库"bookmanager"，展开该节点找到"视图"容器，单击鼠标右键，出现图 4.35 所示的结果。

图 4.35　新建视图选项

（2）用鼠标右键单击"视图"，在弹出的菜单中选择"新建视图"命令，打开一个名为"添加表"的对话框，选择创建视图的基表或另外的视图，单击"添加"按钮。观察在空白处出现了添加的内容后，单击"关闭"按钮。添加表的对话框如图4.36所示。

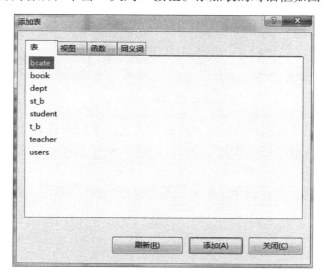

图4.36　"添加表"对话框

（3）返回"视图"窗口，若基表或者另外的视图选择完成，则基表的结构出现在视图创建/修改窗口的数据表显示区。在表中选择需要在视图中显示的列，此时在窗口下边的视图定义列显示表格中和 T－SQL 语句区中也会相应地出现所选择的列和相应的语句，若需加入限制条件、统计函数或者计算列，则可以手动在 T－SQL 语句区输入。视图设计器窗口如图4.37 所示。

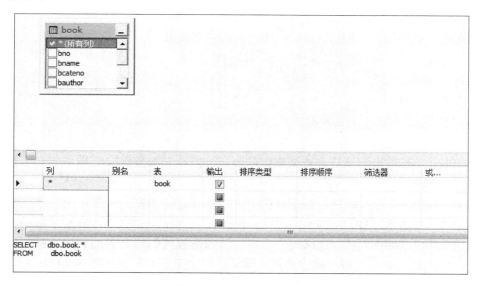

图4.37　视图设计器窗口

（4）单击"执行"按钮，运行所定义的视图，则 T－SQL 语句的执行结果将显示出该视图的查询结果，如图 4.38 所示。

	bno	bname	bcateno	bauthor	bpress	bprice	bisbn		bqu
▶	b00001	C语言程序设计	tp1	李勇	清华大学出版社	30.0	7121031651	...	10
	b00002	数据库原理与…	tp312	欧阳	电子工业出版社	32.0	7121031655	...	6
	b00003	123进阶听力	tp2	欧阳	清华大学出版社	28.0	7121031653	...	10
	b00004	管理信息系统	tp42	李勇	高等教育出版社	35.0	7121031656	...	8
	b00005	数据结构	tp312	杨丽	清华大学出版社	39.0	7121031659	...	6
	b00006	离散数学	tp312	李阳	高等教育出版社	35.0	7121033659	...	6
	b00007	计算机网络技术	tp312	李阳	大连理工大学…	35.0	7122033659	...	7

图 4.38　执行结果

（5）如果执行结果符合用户的需求，则在定义之后单击"保存"按钮，在出现的"选择名称"对话框中输入用户定义的视图的名称，如图 4.39 所示，单击"确定"按钮，完成视图的定义操作。

（6）可以在"对象资源管理器"的数据库 bookmanager 的视图容器下看到新定义的视图名称，如图 4.40 所示。

图 4.39　保存视图

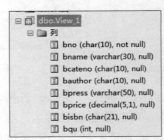

图 4.40　查看视图创建结果

6. 使用 SQL 语句创建视图

创建视图可以使用 T‑SQL 语句来实现，其语法格式如下：

```
create view  <视图名> [( <列名> [ , <列名> ]...)]
[with encryption]
As <select 查询>
[with check option]
```

说明：

（1）SELECT 查询指的是符合查询规则的语句，但不同的数据库管理系统对于查询的格式会有不同的要求。

（2）选项 with encryption 是指对于视图定义的语句进行加密，这样在执行了创建视图的语句后，用户不能查看视图的定义语句。

（3）选项 with check option 确保用户只能查询和修改他们所看到的数据，强制所有在视图基础上使用的数据查询语句、修改语句、删除语句满足定义时视图中 SELECT 查询中的查询条件。

（4）组成视图的各个属性列可以显式指定，也可以省略不写。如果省略不写，则组成视图的各属性列由 SELECT 查询的各个目标列组成。

（5）视图的更新是受限制的更新。

【视图1】创建视图v1，显示出学生的借阅信息，包括学生的学号、姓名、借阅书籍的书名。

```
create view v1(学号,姓名,书名)
as
select student. sno,sname,bname
from student join st_b on( student. sno = st_b. sno)
        Join book on( book. bno = st_b. bno)
```

可以通过如下命令查看视图内容：

```
select ∗ from v1
```

在 SQL Server 的查询编辑器中运行上述语句，执行结果如图4.41所示。

4.5.2 在借阅系统中使用视图

接下来创建本任务中需要创建的两个视图：创建学生借阅信息查询视图和教师管理的视图。

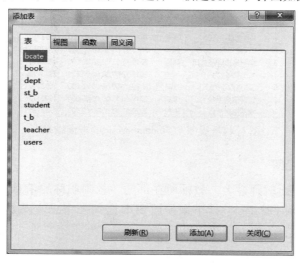

	学号	姓名	书名
1	19331101	张曼	C语言程序设计
2	19331102	刘迪	C语言程序设计
3	19331101	张曼	数据库原理及应用
4	19331102	刘迪	123进阶听力
5	19331103	刘凯	123进阶听力
6	19331105	李楠	管理信息系统
7	19301209	李玲	管理信息系统

图4.41 查询 v1 视图的执行结果

1. 创建学生借阅情况视图

要创建的视图需要列出所有借书的学生的信息、所借图书的信息，主要来自3个表，分别为学生表 student、图书表 book、学生借阅表 st－b。接下来使用图形工具来实施该视图操作过程：

（1）在"对象资源管理器"中选择数据库"bookmanager"，展开该数据库选择"视图"容器，用鼠标右键单击视图，在弹出的菜单中选择"新建视图"，弹出如图4.42所示的对话框。

图4.42 "添加表"对话框

（2）选择 student、book、st－b 表，单击"添加"按钮，出现如图4.43所示的"视图设计器"窗口。

（3）在图4.43中，选择 book 表的 bname 字段，选择 st_b 表的 sno 字段，选择 student

表的 sno，sname 字段，在 book 表中选中 bno 字段拖向 st_b 表中的 bno 字段，表示 book 表和 st_b 表通过 bno 字段连接，在 st_b 表中选中 sno 字段拖向 student 表中的 sno 字段，表示 st_b 和 student 表通过 sno 字段连接。在选择的过程中注意下面的 SQL 语句，其实视图的主体就是前面介绍的各种查询语句。

（4）单击工具栏中的"验证 SQL 语法"按钮，如果没有错误，则存盘，退出，输入视图的名字 v_Studentborrow。

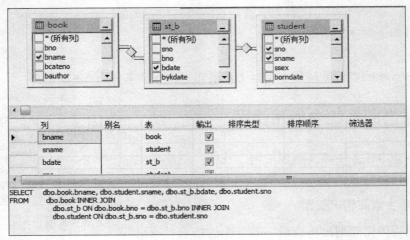

图 4.43　"视图设计器"窗口

（5）测试。在视图设计阶段，可以单击工具栏上的叹号执行查询视图的结果。当视图设计完成后，可以使用查询视图的语句执行对视图的查询。视图 v_Studentborrow 的查询结果如图 4.44 所示。

	Bname	sName	Bdate	sno
1	C语言程序设计	张曼	2019-11-01 00:00:00.000	19331101
2	C语言程序设计	刘迪	2019-09-09 00:00:00.000	19331102
3	数据库原理及应用	张曼	2019-11-01 00:00:00.000	19331101
4	123进阶听力	刘迪	2019-12-01 00:00:00.000	19331102
5	123进阶听力	刘凯	2020-01-02 00:00:00.000	19331103
6	管理信息系统	李楠	2019-10-11 00:00:00.000	19331105
7	管理信息系统	李玲	2020-01-03 00:00:00.000	19301209

图 4.44　视图 v_Studentborrow 的查询结果

2. 创建教师管理视图

教师管理视图要列出教师姓名、教师所在部门、教师职称的信息，主要来自 2 个表，分别为教师表 teacher、部门表 dept。接下来使用 SQL 语句来完成该视图的设计：

```
create view v_Teacher
as
select tname,deptname,title
from teacher as t join dept
on t. deptno = dept. dno
group by dept. dno,tname,deptname,title
```

若要查询该视图的结果，则可以执行如下的命令：

```
select  *  from  v_Teacher
```

在 SQL Server 的查询编辑器中运行上述语句，执行结果如图 4.45 所示。

4.5.3　视图的管理

视图的管理操作主要是指用户可以对视图进行定义的修改、对视图进行加密和删除等。

	Tname	deptname	title
1	李阳	艺术	教授
2	王煜	人事部	讲师
3	杨丽	信息	副教授
4	杨林	管理	讲师
5	张丽丽	信息	副教授

图 4.45　视图 v_Teacher 执行结果

1. 视图的修改

如果需要修改视图，可以使用"SQL Server 管理平台"或者使用 T‑SQL 语句进行。

1）使用"SQL Server 管理平台"修改视图

打开"对象资源管理器"中的视图设计器工具或使用 alter view 语句可以更改视图的定义。进入对象资源管理器→展开"服务器"→单击加号展开"数据库"→展开用户数据库"bookmanager"→展开"视图"→用鼠标右键单击要修改的视图名→在出现的快捷菜单中选择"修改"，就可以在"视图设计器"中按照创建视图的方法对原有的视图进行修改。

用户可以修改视图中包括的表和列、更改列关系、限制视图返回哪些行以及修改用于生成视图的列别名和排列顺序之类的选项。其操作过程与创建过程类似，读者可以参考创建过程查看。

2）使用 T‑SQL 语句修改视图

可以使用 alter view 语句修改视图的定义，但不会影响相关的存储过程或触发器，这允许保留对视图的权限。

alter view 语句的语法如下：

```
alter view <视图名>[(<列名>[,<列名>]...)]
[with encryption]
as <select 查询>
[with check option]
```

其中：

（1）SELECT 查询是指符合查询规则的语句，但不同的数据库管理系统对于查询的格式会有不同的要求。

（2）选项 with encryption 是指对于视图定义的语句进行加密，这样在执行了创建视图的语句后，用户不能查看视图的定义语句。

（3）选项 with check option 确保用户只能查询和修改他们所看到的数据，强制所有在视图基础上使用的数据查询语句、修改语句、删除语句满足定义时视图中 SELECT 查询中的查询条件。

（4）组成视图的各个属性列可以显式指定，也可以省略不写。如果省略不写则组成视图的各属性列由 SELECT 查询的各个目标列组成。

【修改视图 1】 修改视图 v1，为其增加一列借阅日期。

```
alter view v1(学号,姓名,书名,借阅日期)
As
Select student. sno,sname,bname,bdate
From student join st_b on( student. sno = st_b. sno)
      Join book on( book. bno = st_b. bno)
```

使用下列命令查询视图 v1 的结果：

```
Select * from v1
```

在 SQL Server 的查询编辑器中运行上述语句，执行结果如图 4.46 所示。

	学号	姓名	书名	借阅日期
1	19331101	张曼	C语言程序设计	2019-11-01 00:00:00.000
2	19331101	张曼	数据库原理及应用	2019-11-01 00:00:00.000
3	19331102	刘迪	C语言程序设计	2019-09-09 00:00:00.000
4	19331102	刘迪	123进阶听力	2019-12-01 00:00:00.000
5	19331103	刘凯	123进阶听力	2020-01-02 00:00:00.000
6	19331105	李楠	管理信息系统	2019-10-11 00:00:00.000
7	19301209	李玲	管理信息系统	2020-01-03 00:00:00.000

图 4.46 视图 v1 修改后查询结果

2. 视图的删除

如果需要删除视图，可以使用"SQL Server 管理平台"或者执行 T - SQL 语句进行。

1）使用"SQL Server 管理平台"删除视图

删除视图将同时删除视图定义以及分配给它的所有权限。而且，如果用户查询任何引用已删除视图的视图，则他们将收到错误消息。但是，删除由视图引用的表不会自动删除视图，必须单独地手动删除视图。

可在"对象资源管理器"中展开数据库"bookmanager"，选择"视图"容器，展开"视图"，选择要删除的视图的名称"v_Studentborrow"，单击鼠标右键，选择"删除"命令，出现"删除对象"窗口，如图 4.47 所示。

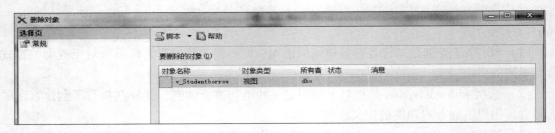

图 4.47 "删除对象"窗口

单击"确定"按钮，完成视图的删除操作，同时，在"删除对象"窗口中，单击"显示依赖关系"按钮显示对象的相关性。当某视图在另一视图定义中被引用时，若删除该视图后调用另一个视图，则会出现错误提示。

2）使用 T – SQL 语句删除视图

使用数据定义语句来删除视图，其语法如下：

```
Drop view <视图名>
```

【删除视图1】 删除视图 v1。

```
Drop view v1
```

3. 视图的加密

要保护定义视图的逻辑，可在创建视图或修改视图语句中指定 with encryption 选项，该定义文本加密存储于 sys. syscomments 系统表中，因此无法读取。

创建加密视图之前，应总是在某个安全位置存储创建视图或修改视图语句的副本；否则，如果以后需要修改该视图的定义，则无法访问到该定义。

【视图2】 创建视图 v2，显示出所有学生的基本信息，同时，给定义过程加密。

```
Create view v2
with encryption
As
Select sno, sname, borndate
From student
```

用户如何验证视图是否加密？使用系统存储过程 sp_helptext。系统存储过程 sp_helptext 可以检索出视图、存储过程、触发器的定义文本。

其语法格式如下：

```
sp_helptext [@ objname = ] 'name'
```

其中，[@ objname =] 'name' 为对象的名称，将显示对象的定义信息，且对象必须在当前数据库中。

执行 sp_helptext v2，显示出如图 4.48 所示的结果。

已经加密的视图创建过程，对于创建者也是加密的，再次执行对于视图定义内容的查询，将显示图 4.48 所示的结果。

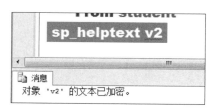

图 4.48 查询 v2 的加密文本的结果

【项目小结】

本子项目的任务是完成借阅系统有关数据的查询工作，对于不同的查询要求，可以使用简单查询、进行数据的分组汇总、连接查询、子查询等方式；同时，为了避免同样的烦琐的工作，将一些经常使用的查询生成视图，以避免在查询的过程中每次都写一大段代码，同时有助于查询语句的优化。

【项目任务拓展】

根据前面建立的图书管理系统的数据表，调查各个部门需要查询和经常需要查询的数据，列出来，并用各种查询方法或者视图来完成查询任务。

提示，图书管理系统中的常用查询如下：

（1）查询"班级"为"计算机应用"的记录。

（2）查询图书价格为 80 ～ 90 元的图书的书号、书名和价格。

（3）查询姓"赵"的名为一个汉字的学生。

（4）查询姓张、姓王、姓李的学生的信息。

（5）对教师表，先按所在部门，后按编号排序。

（6）从"图书表"中检索数据，列出每本图书的信息以及每个分类图书的最高价格和最低价格。

（7）查询馆藏图书的总数量。

（8）查询借阅过 'b00001' 图书的学生总人数。

（9）查询每个教师的本年度的借阅次数。

（10）查询所有已经借书的学生的学号、姓名、借阅图书书名。

（11）查询每个部门的部门号、部门名和该部门的教师人数。

（12）查询同时借阅了《数据结构》和《数据库》的两本图书的学生的姓名。

（13）查询所有教师的教师编号、姓名、书名及借阅日期和还书日期（没有借书的教师）。

（14）使用 any 谓词查询借阅图书编号为 'b0003' 的教师姓名。

（15）查询没有借阅图书编号为 'b0003' 的教师姓名。

子项目 5

实施借阅系统数据完整性

【子项目背景】

通过借阅系统的使用册发现数据存在着不少错误信息，比如性别写成"南"，出生日期写成"1880－7－12"（实际应该是 1980－7－12），有些手机号码不是 11 位等，而且随着录入数据的逐渐增多，错误信息有不断增多的趋势。

数据质量是信息的生命，如果收到错误的信息，那么比没有信息更可怕。对于大量的人工数据录入，出现错误是难以避免的；然而，SQL Server 2012 有专门的机制来确保数据的正确性和完整性，这种机制是通过约束和触发器来实现的。

【任务分析】

若要降低人工录入数据的出错率，提高数据的质量，则必须在系统中有一些自动执行的任务避免这种出错，那么如何在借阅系统中完成这些，以自动避免出错呢？我们需要知道 SQL Server 2012 中都有哪些方法能完成上面背景中提出的问题，然后再将这些方法应用于借阅系统，就可以有效避免人工录入数据的出错。

通过对约束和触发器的了解，以及对借阅系统出错数据的分析，找出了如下解决任务的关键点，这些任务都是相辅相成、依次递增的，只有掌握了约束和触发器的使用方法和原则，用户才能在借阅系统中恰当地选择使用合适的约束和触发器。借阅系统数据完整性任务分解如表 5.1 所示。

表 5.1 借阅系统数据完整性任务分解

序号	名　称	任　务　内　容	方　法	目　标
1	选择合适的约束应用到借阅系统	理解约束的概念、类型，掌握约束的创建、管理方法	边讲边练	通过对各约束的了解，为借阅系统选择合适的约束
2	创建借阅系统约束	分别使用图形工具和 SQL 语句，为借阅系统创建约束	举一反三、开发项目	为借阅系统部署约束，使该项目的数据正确、完整
3	使用触发器实现数据完整性	理解触发器的概念、类型和使用方法，掌握触发器的创建和使用方法	边讲边练	为借阅系统选择合适的触发器
4	借阅系统中使用触发器	在借阅系统中创建触发器	举一反三、开发项目	在借阅系统中创建触发器，以保证可以实施较复杂的数据完整性

任务 5.1　选择合适的约束应用到借阅系统

【任务目标】

通过在借阅系统中部署约束（CONSTRAINT），实现数据的完整性（INTEGRITY），减少人工录入数据出错的机会，提高数据质量。

【任务实施】

通过对完整性约束的含义的理解，基于管理平台和 SQL 语句两种方法进行数据表中完整性约束的定义操作。

5.1.1　数据完整性分类

在数据库规划过程中最重要的一步是确定最好方法用于数据完整性。数据完整性是指存储在数据库中的数据的一致性和准确性。数据完整性分为以下几种类型，如图 5.1 所示。

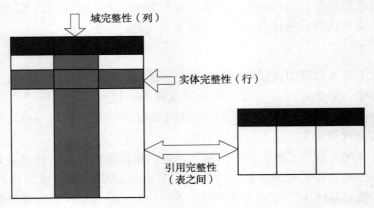

图 5.1　数据完整性的类型

1. 域完整性

域（或列）完整性指定一组对列有效的数据值，并确定是否允许有空值。通常使用有效性检查域完整性，也可以通过限定列中允许的数据类型、格式或可能值的范围来强制数据完整性，也称为列级完整性。

2. 实体完整性

实体（或行）完整性要求表中的行具有唯一的标识符，即 primary key value 。是否可以改变主键值或删除一整行，取决于主键和其他表之间要求的完整性级别。

3. 参照完整性

参照完整性确保始终保持主键（在被参照表中）和外键（在参照表中）之间的关

系。如果有外键引用了某行，那么不能删除被参照表中的该行，也不能改变主键，除非允许级联操作。可以在同一个表中或两个独立的表之间定义参照完整性，也称为引用完整性。

5.1.2 约束的定义

为了防止数据库中存在不符合语义规定的数据，防止错误信息的输入、输出造成无效的操作或错误信息，在 SQL Server 系统中，提供了 3 种手段来实现数据完整性：约束、规则和默认值。其中，约束是用来对用户输入表或字段中的值进行限制的。在 SQL Server 中，约束主要包括 default 约束、check 约束、primary key 约束、unique 约束和 foreign key 约束。

约束是实现数据完整性的首选方法。在这里讨论如何确定要使用约束的类型、每种约束实现哪些数据完整性以及如何定义约束。

1. 决定使用何种约束

约束是数据完整性的标准方法。每种数据完整性——域、实体和参照，使用单独的约束类型来实现。约束确保在列录入有效的数据值并且维护表之间的关联，如表5.2所示。

表5.2　不同约束的用途

完整性类型	约束类型	说　　明
域	default	当 insert 语句没有明确的提供值时，指定为列提供的值
	check	指定在列中可接受的数据值
	referential	基于另一个表中的列值，指定可接受的数值进行更新
实体	primary key	唯一标识每一行——确保用户没有键入重复值，并且创建了索引来增强性能。不允许有空值
	unique	防止每一行的相关列（非主键）出现重复值，确保创建了索引，以提高性能。允许有空值
参照	foreign key	定义单列或组合列，列值匹配同一个表或其他表的主键
	check	根据同一表中其他列的值，指定某列中可接受的数值

2. 创建约束

在 SQL Server 系统中，约束的定义主要是通过 CREATE TABLE 语句或 ALTER TABLE 语句来实现的。使用 CREATE TABLE 语句，是在建立新表的同时定义约束。使用 ALTER TABLE 语句，是向已经存在的表中添加约束。

约束既可以是字段级约束，也可以是表级约束。字段级约束是把约束放在某个字段列上，且约束仅对该字段起作用；表级约束是把约束放在表中的多个字段列上。

1）使用 CREATE TABLE 语句创建约束语法

```
CREATE TABLE table_name
{column_name data_type}
[ {DEFAULT constant_expression                            --默认值约束
| [IDENTITY [ (seed , increment) ]    ]    ]              --自动增长列
{[NULL | NOT NULL]                                        --空或非空
| [PRIMARY KEY | UNIQUE]                                  --主键或唯一约束
| REFERENCES ref_table [ (ref_column) ]                  --外键参考值
[ON DELETE {CASCADE | NO ACTION}]                         --级联删除
[ON UPDATE {CASCADE | NO ACTION}]    }                   --级联修改
< table_constraint > :: = [CONSTRAINT constraint_name]    --表级约束
{[ {PRIMARY KEY | UNIQUE}    (column [ ,... n])} ]        --主键或唯一约束
| FOREIGN KEY    (column [ ,... n])                       --外键约束
REFERENCES ref_table [ (ref_column [ ,... n]) ]          --外键参考值
[ON DELETE {CASCADE | NO ACTION}]                         --级联删除
[ON UPDATE {CASCADE | NO ACTION}]    }                   --级联修改
```

2）使用 ALTER TABLE 语句添加或删除约束语法

```
ALTER TABLE    table_name
{ADD    [CONSTRAINT] constraint_name                      --增加约束,约束名
{    {PRIMARY KEY | UNIQUE}                               --主键或唯一约束
     [CLUSTERED | NONCLUSTERED]                           --聚集或非聚集索引
     [WITH FILLFACTOR = fillfactor                        --填充因子
     | FOREIGN KEY                                        --外键
          (column [ ,... n])
                          REFERENCES referenced_table_name [ (ref_column [ ,... n]) ]
-参考值
          [ON DELETE {NO ACTION | CASCADE | SET NULL | SET DEFAULT} ]    -级联删除
          [ON UPDATE {NO ACTION | CASCADE | SET NULL | SET DEFAULT} ]    -级联修改
     [NOT FOR REPLICATION]                                --不支持复制
     | DEFAULT constant_expression FOR column [WITH VALUES]    --默认值
     | CHECK [NOT FOR REPLICATION] (logical_expression)    --为字段设置逻辑表达式
     }
DROPV                                                     --删除约束
  {
     [CONSTRAINT] constraint_name                         --约束名
     | COLUMN column_name                                 --约束列名
     }
  }
```

使用 ALTER TABLE 语句在表中添加或删除约束的方法和创建表时使用的方法类似。下面在具体介绍每个约束时，再举例介绍如何使用这些语句。

5.1.3　default 约束

当 INSERT 语句没有指定值时，default 约束会在列中输入一个值。default 约束强制了域完整性。

如果在 INSERT 语句中存在未知值或缺少某列，default 约束将允许指定常量、Null、或系统函数的运行时值。使用 default 约束并不会明显降低性能。

1. 使用管理平台创建 default 约束

在 SQL Server 管理平台中，利用表设计窗口或修改表时，如果要对某个字段设置默认值，可以单击该字段，然后在窗口下部的"默认值"单元格中输入一个数据作为其默认值。图 5.2 所示为使用 SQL Server 管理平台设置学生 student 表中的性别字段的默认值为"男"。

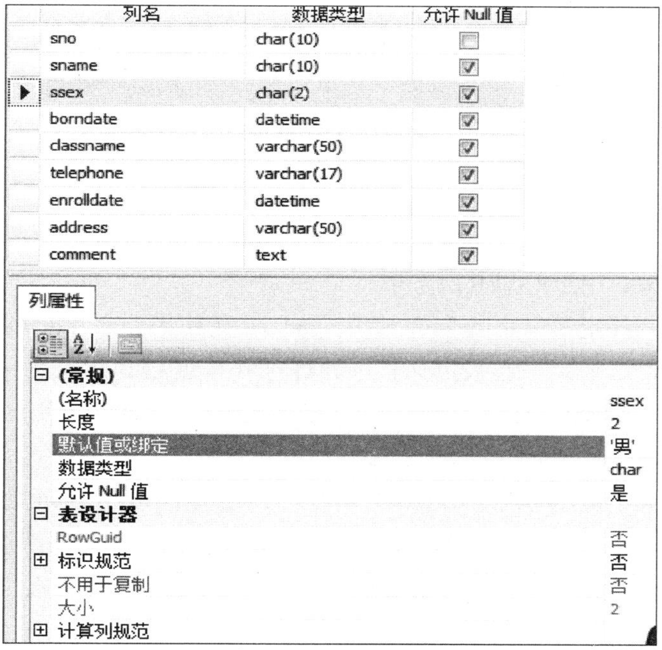

列名	数据类型	允许 Null 值
sno	char(10)	☐
sname	char(10)	☑
▶ ssex	char(2)	☑
borndate	datetime	☑
classname	varchar(50)	☑
telephone	varchar(17)	☑
enrolldate	datetime	☑
address	varchar(50)	☑
comment	text	☑

列属性	
⊟ **(常规)**	
(名称)	ssex
长度	2
默认值或绑定	'男'
数据类型	char
允许 Null 值	是
⊟ **表设计器**	
RowGuid	否
⊞ 标识规范	否
不用于复制	否
大小	2
⊞ 计算列规范	

图 5.2　设置默认值窗口

2. 使用 CREATE TABLE 或 ALTER TABLE 语句创建 default 约束

可以在 CREATE TABLE 或 ALTER TABLE 语句中增加默认值，部分语法如下：

```
[CONSTRAINT  constraint  name]
    default  constraint  expression
```

【default 约束 1】创建学生注册时间表，性别默认值为 ' 男 '，注册时间默认为系统当前时间。提示：操作系统当前时间可以通过日期时间函数 getdate（）获取。

```
create table registerdate
(
        studentid int,
        sex char(2)constraint sex default ' 男 ',
        regdate datetime constraint regdate default getdate( )
)
```

向表中录入数据如下：

```
insert into registerdate( studentid)
values(1)
insert into registerdate( studentid,sex)
values(2,'f')
insert into registerdate
values(3,'f','2019 - 6 - 21 11 : 32 : 44.077')
```

查询返回来的数据如图 5.3 所示。

	studentid	sex	regdate
1	1	男	2020-05-06 22:36:59.363
2	2	f	2020-05-06 22:36:59.367
3	3	f	2019-06-21 11:32:44.077

图 5.3 default 约束 1 效果展示

除非是在录入数据时指定性别的值，否则将取得系统的默认值"男"来填充该字段。

3. 注意事项

在使用 default 约束时，考虑以下事项：

（1）default 约束对表中的现有数据进行验证。

（2）default 约束只用于 INSERT 语句。

（3）每个列上只能定义一个 default 约束。default 约束总是一个单列约束，因为它只适合单列，而且只能和列定义一起被定义；不允许把 default 约束定义为一个单独的表元素。可以使用简短语法来省略关键词 constraint 和指定的名字，包括让 SQL Server 产生名字，或者是使用更长的 constraint name default 语法来指定的名字。

（4）default 约束不能用于有 IDENTITY 属性的列或具有 rowversion 数据类型的列。在有 identity 属性的列上声明默认值是没有意义的，如果尝试在此列上声明默认值，SQL Server 会出现错误。IDENTITY 属性担当了列的默认值，但是在 insert 语句的值列表中，default 关键字不能在标识列中作为占位符使用。

（5）default 约束可以使用一些系统提供的指定值（USER、CURRENT_USER、SESSION_USER、SYSTEM_USER、或 CURRENT_TIMESTAMP），而不可以使用用户定义的值。这些系统提供的值对于提供用户的记录是非常有用的，它可以记录哪些用户插入了数据。

（6）默认值可能与 check 约束产生冲突。这个问题只在运行时出现，而不会在创建表或者使用 ALTER TABLE 添加默认值时出现。例如，某列带有默认值 0，而 check 约束条件规定该列值必须大于 0，这样默认值不能插入或更新默认值。

（7）尽管可以为具有 primary key 或 unique 约束的列分配默认值，但是这样做没有多大意义。这样的列必须有唯一值，所以在这个列中只能有一行是默认值。

（8）可以在括号内写入一个常量值，如 default（1），或者不用括号 default 1，但是字符或日期型常量必须加单引号或双引号。

5.1.4 check 约束

check 约束将用户可以输入特定列的数据限制为指定的值。check 约束与 WHERE 子句相似，在这里都可以指定接收数据的条件。

与其他约束类型一样，可以在单列或在多列上声明 check 约束。必须声明涉及多列的 check 约束作为 CREATE TABLE 语句中单独的元素。只有单列 check 约束可以和列定义一起定义，而且一列只能定义一个 check 约束。所有其他的 check 约束必须定义为单独的元素，一个约束可以有多种逻辑表达式，可以与 and 或 or 一起使用。

1. 在管理平台中创建 check 约束

在 SQL Server 管理平台中，利用表设计窗口或修改表时，如果要对某个字段设置 check 约束，可以选择要定义 check 约束的表 "student"，单击鼠标右键，选择 "设计"，在打开的页单击工具栏中的按钮，如图 5.4 所示。

单击图 5.4 中的按钮后，会弹出一个对话框 "check 约束"，用来设置 check 约束，如图 5.5 所示。

图 5.4 "管理 check 约束" 按钮

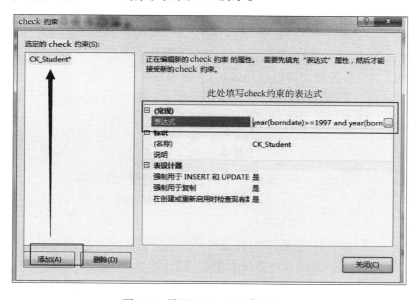

图 5.5 设置 "check 约束" 窗口

可以在表达式中输入设置的约束条件，该例中设置学生的出生年份为 1997—2002 年，然后可以设置该 check 约束是否强制用于 insert 和 update，是否强制用于复制，是否在创建或重新启用时检查现有数据。

将该数据表保存后，如果再试图向表中录入不符合条件的记录，系统就会提示这样的数据不能插入成功。

例如：

insert into student(sno,sname,ssex,borndate) values('18301112','王冬冬','男','1954-10-1')

则会出现提示：

消息547，级别16，状态0，第1行

INSERT语句与check约束"CK_student"冲突。该冲突发生于数据库"bookmanager"，表"dbo.student"，column 'borndate'。

语句已终止。

说明违反原则的数据没有插入成功。

2. 使用 CREATE TABLE 或 ALTER TABLE 语句创建 check 约束

在 CREATE TABLE 和 ALTER TABLE 过程中创建 check 约束，其部分语法：

[CONSTRAINT constraint_name]
    check(logical_expression)

【check 约束1】创建一个工资表，表中包含雇员编号、姓名、性别和工资。其中性别字段只能是'男'或'女'，而工资的范围限制为 2 000 ~ 10 000。

```
create table salary
(   employeeid int,
    fullname char(20),
    sex char(2) constraint check_test check(sex='男'or sex='女'),
    salary money check(salary>2000 and salary<10000)   )
```

-- 向表中录入合法数据，可以成功录入：

insert into salary values(1,'zhao','女',5000)

-- 查询表中记录显示如图5.6所示。

图5.6　check 约束1验证结果

3. 注意事项

使用 check 约束时应注意以下事项：

（1）每次执行 INSERT 或 UPDATE 语句时，该约束要校验数据。

（2）该约束可以引用同一个表中的其他列。

（3）该约束不能放在 rowversion 数据类型的列里。

（4）该约束不能包含子查询。

（5）可以用简短的语法在列级上表示 check 约束（让 SQL Server 来命名）。

check 约束可以使用规则表达式，表达式可以使用 and 和 or 来表示更复杂的情况，但是，向表增加一个约束时，SQL Server 不检验逻辑正确性。

（6）可以生成一个 check 约束来防止空值，例如，check（sno is not null）通常可以简单地声明该列为 not null。

5.1.5 primary key 约束

数据表中经常有一个列或多个列的组合，其值能唯一地标识表中的每一行。这样的一列或多列称为表的主键，通过它可强制表的实体完整性。当创建或更改表时可通过定义 primary key 约束来创建主键。

一个表只能有一个 primary key 约束，而且 primary key 约束中的列不能接受空值。由于 primary key 约束可以确保数据的唯一性，所以经常用它来定义标识列。

当为表指定 primary key 约束时，SQL Server 2012 通过为主键列创建唯一索引强制数据的唯一性。在查询中使用主键时，该索引还可用来对数据进行快速访问。

如果 primary key 约束定义在不止一列上，则一列中的值可以重复，但 primary key 约束定义中的所有列的组合的值必须唯一。

如果要确保一个表中的非主键列不输入重复值，则应在该列上定义唯一约束（unique 约束）。

1. 在管理平台中创建 primary key 约束

在 SQL Server 管理平台中，利用表设计窗口或修改表时，如果要对某个字段设置 primary key 约束，可以选中要设置主键的字段，单击工具栏中的按钮，结果如图 5.7 所示。

列名	数据类型	允许 Null 值
sno	char(10)	☐
sname	char(10)	☑
ssex	char(2)	☑
borndate	datetime	☑
classname	varchar(50)	☑
telephone	varchar(17)	☑
enrolldate	datetime	☑
address	varchar(50)	☑
comment	text	☑

图 5.7 设置了主键的 student 表

一旦为该字段设置了主键，只要在该字段中输入了重复值，就会出现错误提示，例如：

insert into student(sno,sname,ssex,borndate) values('19331101',' 张悦 ',' 男 ','1999 – 10 – 1')

则会出现提示：

消息 2627,级别 14,状态 1,第 1 行

违反了 Primary Key 约束 'PK_student'。不能在对象 'dbo. student' 中插入重复键。
语句已终止。

2. 使用 CREATE TABLE 或 ALTER TABLE 语句创建 primary key 约束

在 CREATE TABLE 和 ALTER TABLE 过程中创建 primary key 约束，其部分语法如下：

〔constraint 约束名〕

primary key 〔clustered | nonclustered〕{(列〔,...n〕)}

【primary key 约束 1】重新创建一个包含身份证号码字段的 student 表，并在该字段创建主键。

```
        create table student                 ——学生表
        (
            sno char(8),                     ——学号
            sname char(10),                  ——姓名
            sID   char(18)   constraint pk_ID primary key,    ——身份证号码为主键,主键名为 pk_ID
            ssex   char(2),                  ——性别
            sage   int                       ——年龄
        )
```

或者

```
        create table student                 ——学生表
        (
            sno char(8),                     ——学号
            sname char(10),                  ——姓名
            sID   char(18)   primary key,    ——身份证号码为主键,主键名为系统自动分配
            ssex   char(2),                  ——性别
            sage   int                       ——年龄
        )
```

向表中录入数据：

```
        insert into student values('19331101','张悦','210743198504082341','女',20)
```

当向表中插入身份证号码重复的字段时，如：

```
        insert into student values('19331102','刘迪','210743198504082341','女',20)
```

系统显示如下提示信息：

```
        消息2627,级别14,状态1,第1行
```

违反了 primary key 约束 'pk_ID'。不能在对象 'dbo. student' 中插入重复键。

语句已终止。

如果一个表中的列值不能单独只用一列来区别，那么可以创建复合主键。例如，在学生借阅表中，学号和书号可以唯一地标识表中的一行，单独使用一个字段是不能标识的，故需要在学号和书号这两个字段上创建主键，方法如下：

```
        alter table    st_b
        add constraint pk_st_b   primary key（sno, bno）
```

其创建结果如图 5.8 所示。

3. 注意事项

应用 primary key 约束时应该注意以下几点：

（1）每张表只能有一个 primary key 约束。

（2）输入的值必须是唯一的。

（3）不允许空值。

（4）将在指定列上创建唯一索引。

primary key 约束创建的索引不能直接删除，只能在删除约束的时候自动删除。

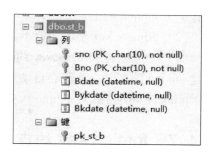

图5.8 复合主键创建结果

5.1.6 unique 约束

unique 约束表明同一列的任意两行都不能具有相同值。该约束使用唯一的索引来强制实体完整性。

若已有一个主键（如学号），但又想保证其他的标识符（如身份证号）也是唯一的，此时 unique 约束很有用。

1. 创建 unique 约束

在 CREATE TABLE 和 ALTER TABLE 过程中创建 unique 约束，其部分语法如下：

```
［constraint 约束名］
    unique［clustered | nonclustered］｛（列［,...n］)｝
```

【unique 约束 1】修改学生表，在学号字段上添加 Unique 约束，代码如下：

```
alter table student
    add constraint un_sno   unique   nonclustered（sno）
```

向表中插入学号字段重复的数据，如下：

```
insert into student values（'19331101','刘迪 ','765632198706261227',' 女 ',19)
```

系统给出如下提示信息：

```
消息 2627,级别 14,状态 1,第 1 行
```

违反了 primary key 约束 'pk_ID'。不能在对象 'dbo. student' 中插入重复键。

语句已终止。

说明向定义唯一性约束的列中输入同样数据时也会出错。

2. 注意事项

应用 unique 约束的时应注意以下几点：

（1）允许一个空值。

（2）在一个表上允许多个 unique 约束。

（3）可在一个或者多个列上定义。

（4）是通过一个唯一索引强制约束的。

3. primary key 和 unique 约束的区别

primary key 与 unique 约束类似，通过建立唯一索引来保证基本表在主键列取值的唯一性，但它们之间存在着很大的区别：

（1）一个数据表只能创建一个 primary key 约束，但一个表中可根据需要对不同的列创

建若干个 unique 约束。

（2）primary key 字段的值不允许为 NULL，而 unique 字段的值可取 NULL。

（3）一般创建 primary key 约束时，系统会自动产生索引，索引的默认类型为聚集索引。创建 unique 约束时，系统会自动产生一个 unique 索引，索引的默认类型为非聚集索引。

primary key 约束与 unique 约束的相同点在于：二者均不允许表中对应字段存在重复值。

5.1.7　foreign key 约束

对两个相关联的表（主表与从表）进行数据录入和删除时，通过参照完整性保证它们之间数据一致性。

利用 foreign key 定义从表的外键，primary key 或 unique 约束定义主表中的主键或唯一键（不允许为空），可实现主表与从表之间的参照完整性。

定义表间参照关系：先定义主表主键（或唯一键），再对从表定义外键约束（根据查询需要可先对从表的该列创建索引）。

下面介绍如何使用管理平台和 SQL 语句分别定义表间的参照关系。

1.　使用管理平台创建 foreign key 约束

通过使用如下语句在 student 表中添加一列用来描述该生的相应班主任信息：

```
alter table student
add    responsibleteacher char(4)
```

通过该字段连接 student 表和 teacher 表。

按照前面所介绍的方法定义主表的主键。在此，定义 teacher 表中的教师编号 tno 字段为主键。首先在对象资源管理器中展开数据库 bookmanager 节点，用鼠标右键单击"数据库关系图"，选择"新建数据库关系图"，如图 5.9 所示。

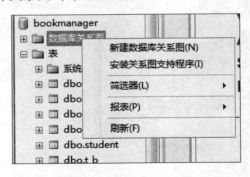

图 5.9　新建数据库关系图

弹出向数据库关系图中添加表对话框，如图 5.10 所示。

选择 student 和 teacher 表添加到数据库关系图中，选中 teacher 表的 tno 字段，然后单击工具栏中的 ，设置 tno 字段为主键。选中 student 表的 responsibleteacher 字段，单击鼠标左键并将其拖到 teacher 表上，弹出表和列对话框，如图 5.11 所示。

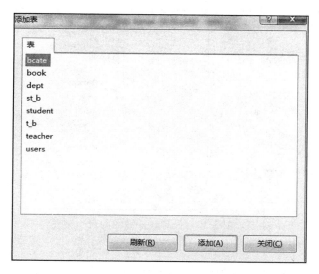

图 5.10 向数据库关系图中添加表

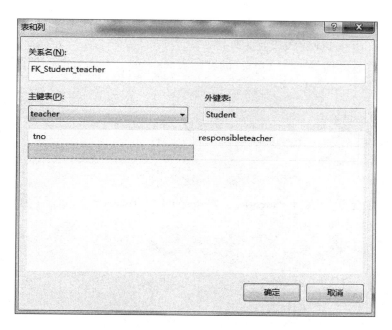

图 5.11 "表和列"对话框

可以在这里设置外键的名称 fk_student_teacher，设置主键表。在这里，主键表为 teacher，主键为 tno。单击"确定"按钮，出现图 5.12 所示的对话框。

保存该关系图，即创建了主表与从表之间的参照关系。

2. 使用 CREATE TABLE 或 ALTER TABLE 语句创建 foreign key 约束

使用 CREATE TABLE 或 ALTER TABLE 语句也可以达到与上面用管理平台创建 foreign key 约束相同的效果。

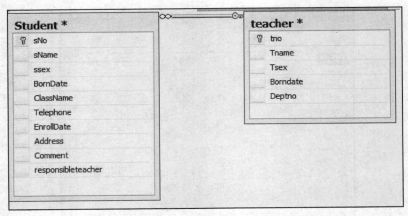

图 5.12　设置好外键的两表

部分语法：

> ［CONSTRAINT 约束名］
> ［FOREIGN KEY］［（列［,…n］）］REFERENCES 引用表［（引用列［,…n］）］

【Foreign Key 约束 1】创建教师表和学生表，将教师表中的 tno 字段设置为主键，将学生表中的 responsibleTeacher 字段设置为外键。

（1）创建包含教师编号字段（tno）的教师表 teacher1，并将 tno 字段设置为主键。

```
create table teacher1
(
    tno int constraint pk_teachertable primary key,
    teachername char(30),
    email varchar(30)
)
```

（2）简单地创建学生表（student1），将 responsibleTeacher 字段设置为外键，让该字段值随着 tno 字段的变化而变化。

```
create table student1
(
    studentid int,
    studentname char(30),
    responsibleTeacher int constraint fk_studentteacher foreign key references teacher（teacherid）
)
```

3. 注意事项

应用 foreign key 约束时应注意以下几点：

（1）提供了单列或多列的引用完整性。foreign key 子句中指定的列的个数和数据类型必须和 REFERENCES 子句中指定的列的个数和数据类型匹配。

（2）并不自动创建索引。

（3）修改数据的时候，用户必须在被 foreign key 约束引用的表上具有 SELECT 或 REFERENCES 权限。

（4）若引用的是同表中的列，那么可只用 REFERENCES 子句而省略 foreign key 子句。

5.1.8　级联引用完整性

1. 创建级联引用

foreign key 约束包含一个 CASCADE 选项，允许对一个定义了 unique 或者 primary key 约束的列的值的修改自动传播到引用它的外键上，这个动作称为级联引用完整性。

使用 SQL 语句进行级联引用完整性定义的部分语法：

```
[CONSTRAINT 约束名]
    [FOREIGN KEY] [(列[,...n])] REFERENCES 引用表 [(引用列[,...n])].
    [ON DELETE {CASCADE|NO ACTION}]
    [ON UPDATE {CASCADE|NO ACTION}]
```

其中：

（1）NO ACTION：任何企图删除或者更新被其他表的外键所引用的键都将引发一个错误，对数据的改变会被回滚。NO ACTION 是默认值。

（2）CASCADE：若父表中的行变化了，则引用表中相应的行也自动变化。

【级联引用1】针对 foreign key 约束 1 中创建的数据表，实现父表和子表的级联修改和删除。

删除 foreign key 约束 1 中外键的限制。

```
alter table student
drop constraint fk_studentteacher
```

作如下修改：

（1）修改父表主键列值不可以，删除可以，而且也同时删除与父表相关的记录。

```
alter table student
add constraint fk_studentteacher
    foreign key(responsibleteacher) references teacher(teacherid)
    on delete cascade
```

（2）删除父表主键列值不可以，修改可以，同时修改子表中的记录。

```
alter table student
add constraint fk_studentteacher
    foreign key(responsibleteacher) references teacher(teacherid)
    on update cascade
```

（3）可以删除父表主键列值，也可以修改。

```
alter table student
add constraint fk_studentteacher
    foreign key(responsibleteacher) references teacher(teacherid)
    on update cascade
    on delete cascade
```

2. 注意事项

应用 CASCADE 选项的注意事项如下：

（1）可以在与其他表有引用关系的表上联合使用 CASCADE 和 NO ACTION 选项，如果 SQL Server 遇到 NO ACTION，它将终止操作并回滚相关的 CASCADE 操作；当 DELETE 语句产生 CASCADE 和 NO ACTION 操作组合时，在 SQL Server 检验 NO ACTION 前，所有的 CASCADE 操作就已执行了。

（2）不能为用 rowversion 列定义的外键列或主键列指定 CASCADE。

5.1.9 默认值和规则

默认值和规则是一些对象，这些对象可以绑定到一列、多列或用户定义的数据类型上，因此只需要定义它们一次就可以重复使用。默认值和规则的缺点是它们不是 ANSI 兼容的。

1. 创建默认值

如果在插入数据时没有指定值，默认值将为对象要绑定的列指定一个值。在创建默认值前，考虑以下事项：

（1）任何绑定在列和数据类型上的规则都可以使默认值有效。

（2）列上的任何 check 约束必须使默认值有效。

（3）如果默认值已经绑定在数据类型或列上，那么就不能在使用用户定义数据类型的列上创建 DEFAULT 约束。

使用 SQL 语句创建默认值的部分语法：

```
CREATE  DEFAULT  default  AS  constant_expression
```

因为在数据库中默认值是独立的对象，所以在将它绑定在表列之前必须创建默认值。

【默认值1】创建一个雇员信息表，包含的字段为：编号、姓名、性别、地址、邮箱、工资、车牌号，其中地址的默认值是"沈阳"，工资的默认值是 3 500。

```
CREATE TABLE Employee_TestRule
(
    Employee_id    int,
    Employee_name    varchar(50),
    Employee_sex    char(1),
    Employee_address    varchar(50),
    Employee_email    varchar(50),
    Employee_salary    money,
    Employee_carNum    varchar(20)
)
-- 创建默认值对象
create default dftSalary as 3500
create default dftAddress as' 沈阳 '
```

2. 创建默认值的注意事项

（1）列的默认值必须符合绑定到此列上的任何规则。

（2）列的默认值必须符合此列上的任何 check 约束。

（3）不能为已有默认绑定的列或用户定义数据类型创建 default 约束。

3. 绑定默认值

在创建默认值之后，必须通过执行 sp_bindeault 系统存储过程，将其绑定到列或用户定义的数据类型上。如果需要分离绑定的默认值，可以执行 sp_unbindefault 系统存储过程。

（1）绑定默认值对象与数据表字段的基本语法：

```
sp_bindefault 默认值对象,'表名. 列名 '
```

【默认值 1 续】将默认值 1 中创建的默认值对象绑定到雇员信息表的相应字段中。

```
sp_bindefault dftSalary,'Employee_testrule. Employee_salary'
sp_bindefault dftAddress,'Employee_testrule. Employee_address'
```

（2）解除默认值对象与数据表字段的绑定关系的基本语法：

```
sp_unbindefault 默认值对象,'表名. 列名 '
```

【默认值 1 续】将绑定到雇员信息表"地址"字段中的默认值解除绑定。

```
sp_unbindefault'Employee_testrule. Employee_address'
```

4. 创建规则

规则指定可以接受的录入列中的值。规则确保数据在指定的值范围内，匹配特定的模式或匹配指定列表中的条目。

部分语法：

```
CREATE   RULE   rule   AS condition_expression
```

【规则 1】将默认值 1 中创建的雇员信息表中的雇员工资只能在 2 000 ~ 20 000 范围变动，性别只能是"F"或"M"，车牌号为 7 位，并且第一位只能是"辽"，第二位只能是"A ~ Z"之间的字母，第三位和第四位可以为"A ~ Z"或"1 ~ 9"，第五、六、七位只能为"1 ~ 9"。

（1）创建规则限制雇员工资：

```
create rule rule_salary as @ salary > 2 000 and @ salary < 20 000
```

（2）创建规则限制性别：

```
create rule rule_sex as @ sex in('F','M')
```

（3）创建规则限制车牌号：

```
create rule rule_carNum as @ carNum like' 京[A – Z][A – Z or 1 – 9][1 – 9][1 – 9][1 – 9][1 – 9]'
```

5. 绑定规则

创建规则后，必须执行 sp_bindrule 系统存储过程将其绑定到列或用户定义的数据类型上。要分离已绑定的规则，可以执行 sp_unbindrule 系统存储过程。

（1）将规则绑定到表中的字段上：

> sp_bindrule rule_salary,'Employee_TestRule. Employee_salary'
>
> sp_bindrule rule_sex,'Employee_TestRule. Employee_sex'
>
> sp_bindrule rule_carNum,'Employee_TestRule. Employee_carNum'

（2）解除规则和字段的绑定关系：

> sp_unbindrule'Employee_TestRule. Employee_carNum'

6．关于规则的注意事项

（1）规则定义可以包含任何在 WHERE 子句中有效的表达式。

（2）一个列或者用户定义数据类型只能被一个规则绑定。

5.1.10　决定使用何种方法

在确定使用哪种强制数据完整性的方法时，应综合考虑功能性和性能开销：

（1）对于基本的完整性逻辑，例如有效值和维护表间的关系，最好使用声明式完整性约束。

（2）如果要维护复杂的、大量的、非主键或外键关系一部分的数据，必须使用触发器或存储过程。

但是因为触发器在更改发生时才被触发，所以错误检查会在语句完成之后才开始。当触发器检测到违规操作时，它将会撤销更改。不同数据完整性方法比较如表5.3所示。

表5.3　不同数据完整性方法比较

数据完整性类型	效　　果	功能性	性能开销	在数据修改之前或之后
约束	和表一起定义，数据在事务开始前验证，使性能更好	中	低	之前
默认和规则	作为独立的对象来实现数据完整性，可以与一个或多个表关联	低	低	之前
触发器	提供了额外的功能性，如层叠和复杂的应用逻辑。任何修改必须被回滚	高	中高	之后（除 INSTEAD OF 触发器外）
数据类型、NULL/NOT NULL	提供最底层的数据完整性。当表创建时为每个列实现，数据在事务开始前验证	低	低	之前

任务5.2　创建借阅系统约束

【任务目标】

通过上面对完成实体完整性、域完整性和参照完整性的各种约束的分析，分析出在借阅系统中可以实现的数据完整性如表5.4所示。

表 5.4 借阅系统的完整性实现方法

完整性类型	约束类型	涉及表格	涉及字段	功 能 描 述
实体完整性	primary key	student	sno	学号（sno）能唯一标识一个学生
		teacher	tno	教师号（tno）能唯一标识一名教师
		book	bno	图书编号（bno）能唯一标识一本图书
		dept	dno	部门编号（dno）能唯一标识一个部门
		t_b	tno，bno	教师编号（tno）和图书编号（bno）一起能唯一标识教师所借阅的一本图书
		st_b	sno，bno	学生编号（sno）和图书编号（Bno）能唯一标识学生借阅的一本图书
	unique	student	telephone	每个人的电话号码都是唯一的，但该表已经有主键了，所以不能再建主键，只能用 unique 约束
域完整性	default	student	enrolldate	如果没有提供其他的日期，就以当前录入数据的日期为注册日期
	rule	student	telephone	电话号码的长度只能是 11 位，并且每位都有不同的要求，第一位只能是 1，后面 10 位只能是 0～9 之间的数字
	check	student	borndate	要求年龄为 10～30 岁
		teacher	title	职称只能是教授、副教授、讲师、助教
参照完整性	foreign key	teacher	deptno	只能取部门表中的部门编号
		st_b	Sno	只能取学生表中的学生编号
			bno	只能取图书表中的图书编号
		t_b	tno	只能取教师表中的教师编号
			bno	只能取图书表中的图书编号

在本任务中，列出的每种约束的第一项，均用图形工具实现，其他的约束用 SQL 语句实现。如果这种类型的约束只有一个，那么既用图形工具实现，又用 SQL 语句实现。

【任务实施】

使用 SQL Server 管理平台或者 SQL 语句进行借阅系统完整性约束的创建。

5.2.1 使用图形工具实现借阅系统项目约束

接下来借助图形工具按表 5.4 所示来创建 student 表的约束。

1. 主键——将学号字段设置为主键

在对象资源管理器中，展开表，用鼠标右键单击学生表 student，在弹出的菜单中选择"修改"，在表设计窗体中，选中列 sno，清除"允许 null 值"复选框，再单击鼠标右键，在弹出的菜单中，选择"设置主键"，如图 5.13 所示。退出时选择存盘。

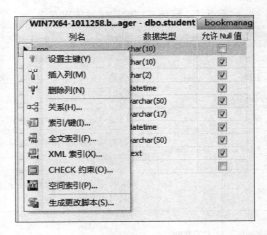

图 5.13　设置主键选项

测试主键，输入以下语句，然后执行：

```
insert into student( sno,sname,ssex,borndate )
values('19331101','张悦','男','1999 - 10 - 1')
```

系统显示成功录入一条记录，再执行一次，失败了，系统显示的信息如图 5.14 所示。

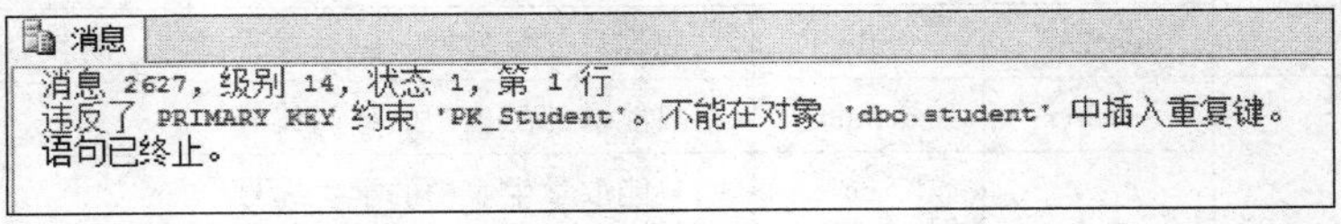

消息
消息 2627，级别 14，状态 1，第 1 行
违反了 PRIMARY KEY 约束 'PK_Student'。不能在对象 'dbo.student' 中插入重复键。
语句已终止。

图 5.14　插入重复键出错的信息

2. default——将注册日期设置默认值当前时间

在对象资源管理器中，展开表，用鼠标右键单击学生表 student，在弹出的菜单中选择"修改"，在表设计窗体中，选中列 enrolldate，在下边将显示出列属性对话框，在默认值和绑定后面的空白处设置默认值为 Getdate( )，如图 5.15 所示。退出时选择存盘。

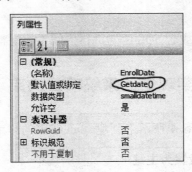

图 5.15　设置默认值

默认缺省的测试。向表中录入一条测试记录，包括学号和姓名的值，未录入注册日期列的值：

```
insert into student(sno,sname)values('test1','测试')
```

查询测试记录信息：

```
select * from student where sno ='test1'
```

系统显示插入成功一条记录，并将该记录查询出来，如图 5.16 所示。可以看到，语句未提供 enrolldate 的值，数据库是以当前日期作为缺省值录入表中。

	sNo	sName	ssex	BornDate	ClassName	Telephone	EnrollDate	Address	Comment	responsibleteacher
1	test1	测试	NULL	NULL	NULL	NULL	2020-05-07 00:26:24.970	NULL	NULL	NULL

图 5.16 缺省值测试结果

3. check 约束——年龄为 10～40 岁

在表设计器中，选中 borndate 列，单击鼠标右键，在弹出的菜单中选择"check 约束"，如图 5.17 所示，在弹出的新窗口，如图 5.18 所示，单击"添加"按钮，然后在表达式中输入（datepart（year，[borndate]）>=（1980）AND datepart（year，[borndate]）<=（2010）），表示出生日期为 1980—2010 年，年龄为 10～40 岁。存盘退出。

图 5.17 设置 check 约束

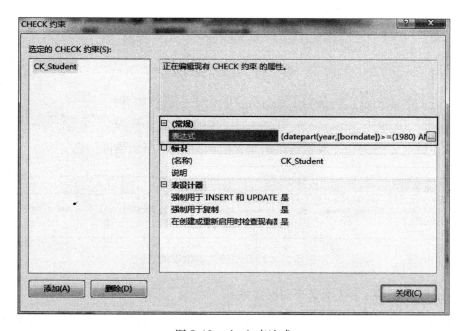

图 5.18 check 表达式

检查约束测试。向表中录入数据，执行。

```
insert into student(sno,sname,borndate) values('test2','测试','1979-10-19')
GO
```

系统显示出错信息，如图 5.19 所示，其中 ck_student 是 check 约束的名称，出错原因是 borndate 为 1979 年，年龄应该为 41 岁，不符合 10~40 岁的范围。

```
消息
消息 547，级别 16，状态 0，第 1 行
INSERT 语句与 CHECK 约束"CK_student"冲突。该冲突发生于数据库"bookmanager"，表"dbo.student"，column 'borndate'。
语句已终止。
```

图 5.19　违反 check 约束出错信息

4. 空值——学生姓名不允许为空

学生姓名不允许为空，在表设计器中，选中列 sname，清空"允许空值"，如图 5.20 所示，然后存盘退出。

列名	数据类型	允许 Null 值
sNo	char(10)	☐
sName	char(10)	☐
ssex	char(2)	☑
BornDate	datetime	☑
ClassName	varchar(50)	☑
Telephone	varchar(11)	☑
EnrollDate	datetime	☑
Address	varchar(50)	☑
Comment	text	☑
responsibleteacher	char(10)	☑

图 5.20　设置空值约束

空值允许的测试。录入一条学生姓名为空的记录，语句如下：

```
insert into student(sno,sname,borndate) values('test2',null,'2005-10-19')
```

由于学生姓名不能为空，故执行该语句，提示图 5.21 所示错误信息。

```
消息
消息 515，级别 16，状态 2，第 1 行
不能将值 NULL 插入列 'sname'，表 'bookmanager.dbo.student'；列不允许有 Null 值。INSERT 失败。
语句已终止。
```

图 5.21　违反空值约束错误消息

5. unique 约束——学生电话号码必须唯一

学生的电话号码必须是唯一的，在表设计器中选中 telephone 字段，单击鼠标右键，在弹出的菜单中选择"索引/键"，如图 5.22 所示。系统弹出新的窗口，如图 5.23 所示。

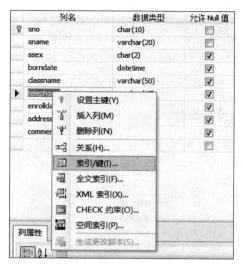

图 5.22 设置 unique 约束

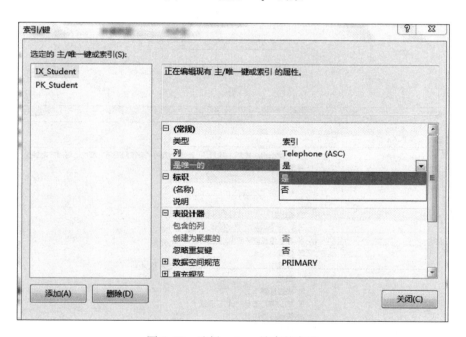

图 5.23 选择 unique 约束的字段

在图 5.23 所示的窗口中，单击"添加"按钮，在"列"中选择"telephone"，在"是唯一的"中选择"是"，存盘退出。

唯一性的测试，向表中录入以下语句：

```
insert into student(sno,sname,telephone) values('test3','测试','18741330932')
GO
```

由于该电话号码重复，故执行该语句时，系统出现错误信息，如图 5.24 所示。

消息

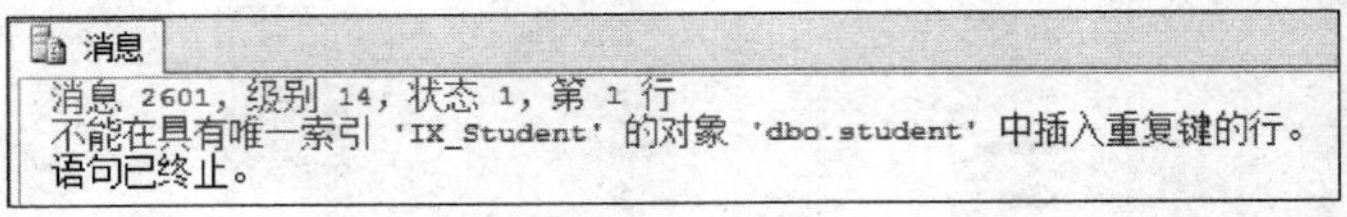

消息 2601，级别 14，状态 1，第 1 行
不能在具有唯一索引 'IX_Student' 的对象 'dbo.student' 中插入重复键的行。
语句已终止。

图 5.24　违反唯一性约束错误提示

6. 外键——成绩表中的学号字段

外键的设置必须涉及其他表，称为主外键关系。在表设计器中单击鼠标右键，在弹出的菜单中单击"关系"，如图 5.25 所示，弹出图 5.26 所示的窗口。

图 5.25　设置关系

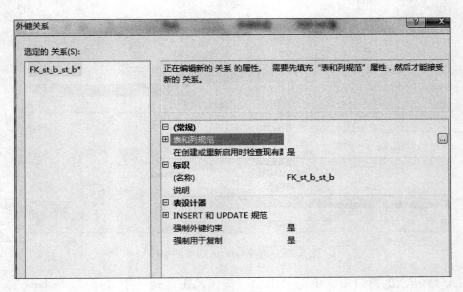

图 5.26　添加外键关系

在图 5.26 所示的窗口中，单击"添加"按钮，展开"表和列规范"，单击右边的省略号，弹出图 5.27 所示的窗口。

在图 5.27 中，选择主键表 student 的 sno 列，外键表 st_b 的 sno 列，表示外键表的 sno 值只能参考主键表的 sno 值。

表和列
关系名(N):
FK_st_b_student
主键表(P):
student
外键表:
st_b
sno
sno
确定
取消

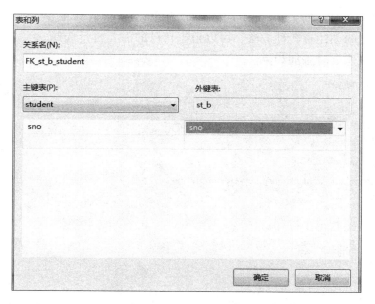

图 5. 27　主外键表和列

外键的测试：在确认 student 表中不存在学号为 test2 的数据后，输入以下 SQL 语句并执行：

```
insert into st_b(sno,bno,bdate)values('test2','b0001',getdate())
GO
```

由于学号违反外键约束，故系统显示出错信息，如图 5. 28 所示。

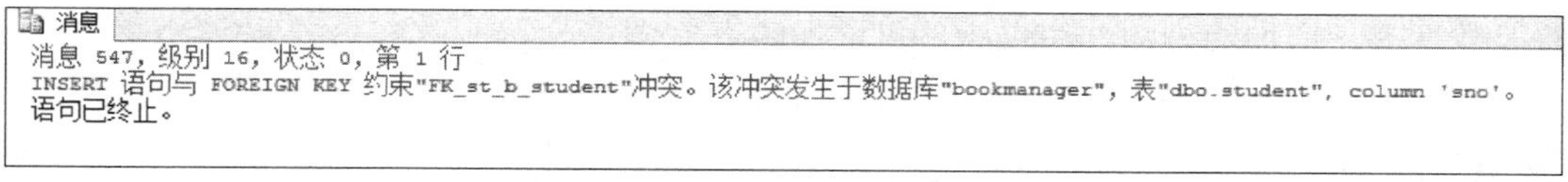

消息
消息 547，级别 16，状态 0，第 1 行
INSERT 语句与 FOREIGN KEY 约束"FK_st_b_student"冲突。该冲突发生于数据库"bookmanager"，表"dbo.student"，column 'sno'。
语句已终止。

图 5. 28　违反外键约束

5. 2. 2　使用 T－SQL 语句实现借阅系统约束

1. 基本情况分析

前面主要使用图形工具来实现数据表的约束，在大部分场合下，如在 SQLCMD 中，在应用程序中，在未安装 SQL Server 2012 的客户端中，不能使用图形工具，此时必须采取其他措施来完成实现约束的任务。

上述的许多场景都不能使用图形化工具，作为数据库开发人员，不能只依赖图形化工具，而是应该更重视 SQL 语句的运用。在这个任务里，使用 SQL 语句来实现约束。

2. 使用 SQL 语句实现借阅系统的数据完整性

使用 SQL 语句，实现 teacher、book、dept、st_b、t_b 等各个数据表的完整性。

（1）部门表（dept）的主键（primary key）在部门编号列（dno）上。

部门表的主键的创建有 3 种方法，可以根据自己的需要自行选择。

①方法一，在建表时添加约束。

```
create table dept1
(
    dno char(10),
    dname nvarchar(20),
    duty  nvarchar(50),
    constraint pk_dept primary key clustered(dno)
)
```

②方法二，直接指定主键列。

```
create table dept2
(
    dnoc har(10)    primary key,
    dname nvarchar(20),
    duty  nvarchar(50)
    )
```

③方法三，使用 alter table 语句。

```
alter table dept
add constraint pk_dept primary key(dno)
```

每个约束的创建都可以采用以上 3 种方法，为了简便，采取在以前存在的数据表的基础上修改数据表、增加约束的办法来为项目增加约束。

（2）教师表（teacher）的主键（primary key）在教师编号（tno）列上。

```
alter table teacher
add constraint pk_teacher primary key(tno)
```

（3）教师表的职称只能为教授、副教授、讲师、助教。

为教师表添加职称列 title，字符型，长度为 20。

```
Alter table teacher
Add title char(20)
```

为职称列定义检查约束

```
alter table teacher
add constraint chk_title check(title = '教授' or title = '副教授' or title = '讲师' or title = '助教')
```

（4）教师表的外键部门编号（deptno）只能是部门表（dept）中的编号（dno）。

```
alter table teacher
add constraint fk_dept_no foreign key(deptno)
                    references dept(dno)
```

（5）图书表（book）的主键（primary key）在课程编号列（bno）上。

```
alter table book
add constraint pk_book primary key(bno)
```

（6）学生借阅表（st_b）的主键（primary key）设置在学号（sno）和书号（bno）上。

```
alter table st_b
add constraint pk_s_c_no primary key(sno,bno)
```

（7）学生借阅表（st_b）的外键（foreign key）：书号（bno）只能是图书表（book）中的数据。

```
alter table st - b
add constraint fk_b_no foreign key(bno)
                references book(bno)
```

（8）教师借阅表（t_b）的主键设置在教师号（tno）和书号（bno）上。

```
alter table t_b
add constraint pk_t_b_no primary key(tno,bno)
```

（9）教师借阅表（t_b）的外键：教师号（tno）只能是教师表（teacher）中的数据。

```
alter table t_b
add constraint fk_t_no foreign key(tno)
                references teacher(tno)
```

（10）教师借阅表（t_b）的外键：书号（bno）只能是图书表（book）中的数据。

```
alter table t_b
add constraint fk_tc_b_no foreign key(bno)
                references book(bno)
```

（11）学生表（student）的规则：电话号码字段，长度为11位，第1位必须是1，其余位的取值范围是0~9。

```
create rule rule_telNum as @ telNum like'1[0 - 9][0 - 9][0 - 9][0 - 9][0 - 9][0 - 9][0 - 9][0 -
9][0 - 9][0 - 9]'
sp_bindrule rule_telNum,'student. telephone'
```

上面提供了借阅系统中所有的完整性实施方法，关于完整性的测试，大家可以采用与图形界面操作类似的方法进行测试，这里不再赘述。

任务5.3 使用触发器实现借阅系统完整性

【任务目标】

通过在借阅系统中使用触发器（TRIGGER），实现数据的完整性（INTEGRITY），减少人工录入数据出错的机会，提高数据质量。

【任务实施】

设计合理的触发器，实现更复杂的完整性约束的定义，在理解触发器的含义、分类及创建方法的基础上，使用图形工具和SQL语句实现触发器的操作。

5.3.1　触发器概述

触发器可以在数据定义语言，或者数据操纵语言修改指定表中的数据时自动执行。触发器设计过程中可查询其他表并且可包含复杂的 T – SQL 语句。

触发器是一种特殊的存储过程，是 SQL Server 为保证数据完整性和强制应用系统遵循业务规则而设置的一种高级约束技术。可以通过创建触发器在不同的表中的逻辑相关数据之间实施应用完整性或一致性。

1. 触发器的分类

（1）按照触发事件的不同，触发器可以分成 DML 触发器和 DDL 触发器。

当数据库中发生数据操纵语言（DML）事件时，将调用 DML 触发器。DML 事件包括指定表上或视图上发生修改数据的 INSERT、UPDATE、DELETE 操作。该触发器可以查询其他表，还可以包含复杂的 T – SQL 语句。将触发器和触发它的语句作为可在触发器内回滚的单个事务对待。如果检测到错误，则整个事务即自动回滚。

当数据库中发生数据定义语言（DDL）事件时，将调用 DDL 触发器。DDL 事件包括 CREATE、ALTER、DROP 操作。DDL 触发器可用于管理任务，例如控制数据库操作。但是 DDL 触发器只有 ATTER 触发器。

（2）按照被激活的时机不同，DML 触发器又分为 AFTER 触发器、INSTEAD OF 触发器和 CLR 触发器。

AFTER 触发器在执行 INSERT、UPDATE 或 DELETE 语句的操作之后执行。执行 AFTER 与执行 FOR 相同，后者是 SQL Server 早期版本中唯一可用的选项。只能在表上定义 ATTER 触发器。一个表针对每个触发操作可有多个相应的 AFTER 触发器。

INSTEAD OF 触发器替代常规触发器操作执行。INSTEAD OF 触发器还可以在带有一个或多个基表的视图上定义，在此情况下，还能扩展视图可支持的更新的类型。该触发器将在处理约束前激发，以替代触发操作。如果某基本表有 AFTER 触发器，它们将在处理约束之后激发。如果违反了约束，将回滚 INSTEAD OF 触发器操作并且不执行 AFTER 触发器。

2. 触发器的作用

（1）DML 触发器的作用。

①可以通过数据库中的相关表实现级联更改。不过，通过级联引用完整性约束可以更有效地进行这些更改。

②可以防止恶意或错误的 INSERT、UPDATE 或 DELETE 操作，并强制执行比 check 更复杂的其他限制。

③可以引用表中改变前后不同的数据，并根据此差异进行相应的操作。

④一个表中的多个同类 DML 触发器允许采取多个不同的操作来响应同一个修改语句。

（2）DDL 触发器的作用。

①防止对数据库架构进行某些更改。

②记录数据库架构中的更改。

③希望数据库中发生某种情况时，响应数据库架构中的更改。

5.3.2 触发器的实现

1. 两个特殊的临时表

当使用触发器时，有时需要知道被操作的记录在操作前后的值。SQL Server 中用两个特殊名称的临时表 DELETED 和 INSERTED 来保存录入和删除的记录。这两个表的结构与触发器基表结构相同，且由数据库管理系统自动创建和管理。

当向表中录入数据时，所有数据约束都通过之后，INSERT 触发器就会执行。新的记录不但加到触发器表中，而且还会将副本加入 INSERTED 表中。当从表中删除数据时，所有数据约束都通过之后，DELETE 触发器就会执行，记录不但从触发器表中被删除，还会将记录移到 DELETED 表中。

利用 UPDATE 修改一条记录时，相当于删除一条记录然后再增加一条新记录，所以 UPDATE 操作产生 DELETED 和 INSERTED 两个表。当使用 UPDATE 操作时，触发器表中修改前的旧记录被移到 DELETED 表中，修改的新记录录入 INSERTED 表中。

INSERTED 表与 DELETED 表只有在触发器中才存在，而且是只读的，当触发器执行完毕，系统自动删除这两个表。在触发器中经常通过检查这两个表数据，确定应该执行什么样的操作。

2. DML 触发器与执行

1）创建触发器

可以使用 T-SQL 语句创建触发器，语法如下：

```
Create trigger <触发器名>
On <基本表名或视图名>
[with encryption]
For | after | instead of
    {[insert][,][update][,][delete]}
As <T-SQL 语句块>
```

其中部分内容说明：

（1）AFTER，FOR，INSTEAD OF 可以选用其一，AFTER 和 FOR 二者作用相同。

（2）INSERT，UPDATE，DELETE 这 3 个可选项指定触发器动作，可以写成任何可能的组合，但是如果 T-SQL 语句中使用 IF UPDATE 语句，则不允许建立 DELETE 触发器。

（3）选项 with encryption 将存入 syscomments 视图中的有关触发器的定义文本加密。

【特别说明】触发器定义之后，其名称存储于 sysobjects 视图中，定义语句存放在 syscomments 视图中。

2）INSERT 触发器的工作方式

当执行 INSERT 语句将数据录入表或视图时，如果该表或视图配置了 INSERT 触发器，就会激发该 INSERT 触发器来执行特定的操作。

当 INSERT 触发器激发时，新行将录入触发器表和 INSERTED 表。INSERTED 表是一个逻辑表，它保留已插入行的副本。INSERTED 表包含由 INSERT 语句引起的已计入日志的录入操作。

INSERTED 表允许引用从发起录入操作的 INSERT 语句所产生的已计入日志的数据。触发器可检查 INSERTED 表以确定是否应执行触发器操作，或者应如何执行。

INSERTED 表中的行总是触发器表中的一行或多行的副本。

【触发器 1】 当向学生借阅表中录入一条学生的借书信息时，自动计算应还书时间更新到借阅表中。

```
Create trigger tr1
On st – b
For insert
As
Begin
    Declare @ sno varchar(10)
    Declare @ bno char(10)
    Declare @ bdate datetime
    Select @ sno = sno,@ bno = bno,@ bdate = bdate from inserted
    Update st – b
    Set bykdate = dateadd(mm,1,@ bdate)
    Where sno = @ sno and bno = @ bno
end
```

采用创建的触发器进行测试，测试数据如下：

```
Insert into st – b(sno,bno,bdate) values('19330209','b00003',getdate())
```

在 SQL Server 的查询编辑器中运行上述语句后，查询该同学的借阅信息执行结果如图 5.29 所示。

图 5.29　触发器 1 执行结果

3）DELETE 触发器的工作方式

DELETE 触发器是一种特殊的存储过程，它在每次 DELETE 语句从配置了该触发器的表或视图中删除数据时执行。

当 DELETE 触发器激发时，被删除的行将放置在特殊的 DELETED 表中。DELETED 表是一个逻辑表，它保留了已删除行的副本。DELETED 表允许引用从发起删除操作的 DELETE 语句产生的已计入日志的数据。

DELETED 表和数据库表中的数据没有任何行是相同的。DELETED 表总是处在缓存中。

【触发器 2】 当删除一个教师信息的同时，删除这个教师的借阅记录。

```
Create trigger tr2
On teacher
For delete
As
Begin
    If exists(select tno from deleted)
        Begin
            Delete from t_b where tno = (select tno from deleted)
        End
    Else
    Print' 不存在这个老师的信息 '
end
```

采用创建的触发器进行测试，测试数据如下：

```
Delete from teacher where tno = 't007'
```

在 SQL Server 的查询编辑器中运行上述语句，执行结果如图 5.30 所示。

4）UPDATE 触发器的工作方式

UPDATE 触发器是在每次 UPDATE 语句对配置了 UPDATE 触发器的表或视图中的数据进行更改时执行的触发器。

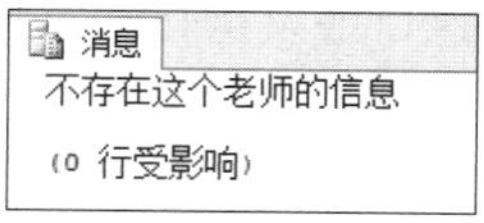

UPDATE 触发器的工作过程可以看作如下两个步骤：

（1）捕获数据前的 DELETE 操作。

（2）捕获数据后的 INSERT 操作。

图 5.30　触发器 2
执行结果

当 UPDATE 语句在已定义了触发器的表上执行时，原始行移入 DELETED 表，而更新的行移入 INSERTED 表。

【触发器 3】当更新某个学生学号的同时，更新这个学生的借阅信息。

```
Create trigger tr3
On student
For update
As
Begin
    If exists(select sno from deleted)
        Begin
            update st_b
            set sno = (select sno from inserted)
            where sno = (select sno from deleted)
        end
    else
    print' 没有这个学生的选课记录 '
end
```

采用创建的触发器进行测试，测试数据如下：

```
update student   set sno = '19341101'where sno = '19331101'
```

在 SQL Server 的查询编辑器中运行上述语句后，查询相关数据改变执行结果如图 5.31 所示。

图 5.31　触发器 3 执行结果

5）DML 触发器执行

（1）如果违反了约束，则永远不会执行 AFTER 触发器，因此，这些触发器不能用于任何可能防止违反约束的处理。

（2）在创建录入和删除的表之后，在执行其他操作之前执行 INSTEAD OF 触发器，而不执行触发操作。这些触发器在执行任何约束前执行，因此可执行预处理来补充约束操作。

（3）为表定义的 INSTEAD OF 触发器对此表执行一条通常会再次激发该触发器的语句时，不会递归调用该触发器，而是如同表中没有该触发器一样，该语句将启动一系列约束操作和 AFTER 触发器执行。

3. DDL 触发器

当服务器或数据库中发生数据定义语言事件时将调用 DDL 触发器。

利用 T–SQL 语句创建 DDL 触发器的语法格式为：

```
Create trigger <触发器名>
On {all server | database}
        [with <ddl_trigger_option>[,...n]]
After {event_type | event_group}[,...n]
As {T–SQL 语句块}
```

其中部分内容说明：

（1）all server，database 说明 DDL 触发器是建立在服务器或数据库上的。

（2）event_type 包括 create，alter，drop，grant，deny，revoke 等语句。

【触发器 4】使用 DDL 触发器防止对 bookmanager 数据库中任何表的修改或删除操作。

```
Create trigger tr4
On database
For drop_table,alter_table
As
  Print' 不允许修改或者删除数据库内的表 '
  Rollback
```

采用创建的触发器进行测试，测试数据如下：

```
Drop table student
```

在 SQL Server 的查询编辑器中运行上述语句，执行结果如图 5.32 所示。

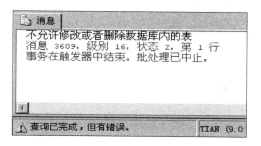

图 5.32　触发器 4 执行结果

5.3.3　触发器的维护

1. 触发器的修改

在重命名对象前，首先显示该对象的依赖关系，以确定所建议的更改是否会影响任何触发器，如果有影响，则需要修改触发器以使其文本反映新的名称。

修改触发器使用 alter trigger 语句；重命名触发器使用 sp_rename 语句；查看触发器的依赖关系使用 sp_depends 语句。

重命名触发器并不会更改它在触发器定义文本中的名称。要在定义中更改触发器的名称，应直接修改触发器。

2. 触发器的删除

当不再需要某个触发器时，可将其禁用或删除。

1）禁用和启用触发器

禁用触发器不会删除该触发器。该触发器仍然作为对象存在于当前数据库中，但是，当执行任意 INSERT、UPDATE、DELETE 语句时（针对 DML 触发器）或其他数据定义语句时（针对 DDL 触发器），触发器将不会激发。已禁用的触发器可以被重新启用。启用触发器会以最初创建它时的方式将其激发。

禁用触发器的语句为：

```
disable trigger 或 alter table
```

【触发器 5】禁用触发器 tr1。

```
disable trigger tr1
        On st_b
```

在 SQL Server 的查询编辑器中运行上述语句，执行结果如图 5.33 所示：

说明：当禁用了触发器 TR1 后，执行语句

```
Insert into st_b( sno,bno,bdate) values( '19341101','b00002',getdate( ) )
```

将不会影响到 st_b 表内的应还书日期数据，仅是将学生借阅信息进行了更新，如图 5.34 所示。

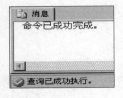

	sno	Bno	Bdate	Bykdate	Bkdate
1	19331102	b00001	2019-09-09 00:00:00.000	2019-10-09 00:00:00.000	2019-10-06 00:00:00.000
2	19331102	b00002	2020-05-07 01:01:04.030	NULL	NULL
3	19331102	b00003	2019-12-01 00:00:00.000	2020-01-01 00:00:00.000	2019-12-30 00:00:00.000

图 5.33　触发器 5　　　　　　　　图 5.34　禁用触发器后的执行结果
　　　　　执行结果

启用触发器的语句为：

> enable trigger 或 alter table

【触发器 6】启用触发器 tr1。

> enable trigger tr1 On st_b

在 SQL Server 的查询编辑器中运行上述语句，执行结果如图 5.35 所示。

	sno	Bno	Bdate	Bykdate	Bkdate
1	19331102	b00001	2019-09-09 00:00:00.000	2019-10-09 00:00:00.000	2019-10-06 00:00:00.000
2	19331102	b00002	2020-05-07 01:01:04.030	NULL	NULL
3	19331102	b00003	2019-12-01 00:00:00.000	2020-01-01 00:00:00.000	2019-12-30 00:00:00.000
4	19331102	b00005	2020-05-07 01:04:31.583	2020-06-07 01:04:31.583	NULL

图 5.35　触发器 6 执行结果

说明：启用触发器 TR1 后，执行语句

> Insert into st_b(sno,bno,bdate)values('19331102','b00005',getdate())

将同时影响到 st_b 表中应还书日期列的信息。

2）删除触发器

删除触发器后，它就从当前数据库中删除了。它所基于的表和数据不会受到影响。删除表将会自动删除其上的所有触发器。删除触发器的权限默认授予在该触发器所在表的所有者。

删除触发器的语句为：

> Drop trigger ＜触发器名称＞

【触发器 7】删除触发器 tr1。

> drop trigger tr1

将触发器的定义和功能全部删除。

任务 5.4　借阅系统中使用触发器

【任务目标】

通过上面对触发器的分析，根据借阅系统录入数据的特点和容易出错的位置，应该存在学生表和借阅表之间的数据不一致问题，所以要创建一个触发器，实现若修改借阅表中某一记录的学号，则要检查学生表中是否存在与该学号相同的记录，若存在则不许修改，若不存在则可修改。

【任务实施】

通过对前面触发器的学习，已经知道触发器可以实现更复杂的数据完整性。下面使用触发器完成任务目标，即创建一个触发器，实现若修改借阅表中某一记录的学号，则要检查学生表中是否存在与该学号相同的记录，若存在则不许修改，若不存在则可修改。

1. 基本情况分析

借阅记录是本项目的重要数据，请保证借阅数据符合逻辑。

如前所述，数据完整性主要通过约束和触发器实现，在学生借阅表中，学号和图书编号的列值主要来源于其他表（其中学号来自学生表，图书编号来自图书表），这些适合用主外键约束来实现。没有联系，不存在参照关系，但却存在一定的逻辑关系（如注册日期＞出生日期），这样的情形适合于用 DML 触发器来实现。

2. 任务实施

接下来用 DML 触发器来实现上述任务，当对学生表进行操作时，判断注册日期是不是大于出生日期，如果不是，则取消该操作。

（1）如图 5.36 所示，在"对象资源管理器"中依次展开数据库 bookmanager、表 student、触发器，用鼠标右键单击"触发器"，选择"新建触发器"，则在查询编辑器中，将产生创建触发器的SQL 语句模板。

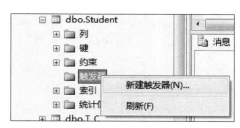

图 5.36 新建触发器

（2）修改触发器名字为 tri_student，表对象为student，触发器行为为 INSERT 和 UPDATE，如以下代码所示（如果以后需要对触发器进行修改，将 CREATE 改为 ALTER 即可）：

```
SET ANSI_NULLS ON
GO
SET QUOTED_IDENTIFIER ON
GO
CREATE TRIGGER tri_student
    ON  student
    AFTER insert,UPDATE
AS
BEGIN
SET NOCOUNT ON;
    --在这里输入触发器的主体语句
END
GO
```

（3）编写主体语句。因为无论是在 UPDATE 还是 INSERT 操作中，新的数据都保留在临时表 INSERTED 中，将其出生日期和注册日期取出，然后进行比较，若不符合逻辑，则回滚，代码如下：

```
SET ANSI_NULLS ON
GO
SET QUOTED_IDENTIFIER ON
GO
CREATE TRIGGER tri_student
    ON    student
    AFTERinsert,UPDATE
AS
BEGIN
    SET NOCOUNT ON；
    ——在这里输入触发器的主体语句
   ——声明变量
    declare   @ date0 datetime
    declare @ date1 datetime
    ——从临时表中取值赋给量
    set @ date0 = ( select borndate from inserted )
    set @ date1 = ( select enrolldate from inserted )
       ——如果不符合条件,则返回
 if @ date0 > @ date1
       rollback transaction
END
GO
```

（4）测试。

学号为 19341101 的学生出生日期和注册日期分别为 1999/5/3 0∶00∶00 和 2019/9/1 0∶00∶00，试执行语句

```
update student set enrolldate = '1982 - 9 - 10'where s_no = '19341101'
```

则系统提示如图 5.37 所示，表明触发器发生作用，阻止了语句的执行。

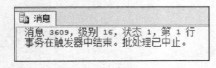

图 5.37　违反触发器执行

【项目小结】

　　通过本子项目中各类型约束和触发器的学习，在借阅系统中部署约束和触发器，可以实现数据库的数据完整性。

【项目任务拓展】

　　根据前面建立的图书管理系统的数据表，调查各个部门在使用图书管理系统过程中录入数据时容易出现的错误，为各个数据表增加约束、默认值、规则和触发器，保证图书管理系统的数据的完整性。

　　提示，一般图书管理系统中的可以参考的完整性如下：

（1）创建触发器，当对图书管理系统中的借阅表录入新的借阅记录时，检查借书卡号是否在 student 表中存在。若不存在，则提示错误并删除刚插入的记录。

（2）创建触发器，当在图书管理系统中对借阅表的借书卡号进行更新时，显示更新前后的卡号。

（3）创建触发器，当删除借阅表中的借阅记录时显示被删除记录的相关信息。

使用存储过程维护借阅系统数据

【子项目背景】

在前面的子项目中，已经使用查询和维护语句实现了借阅系统中数据的录入、查询、更新、删除操作。在测试运行时发现，每次在客户端进行数据操作时，结果反应比较慢，同时，在执行数据查询时可以看到学生表和教师表的全部信息，这样信息不太安全，希望可以解决这些问题，提高用户执行效率。

数据查询和更新的执行效率是项目的核心功能，如果效率比较低，用户需要等待很久才能看到执行结果，那么用户对系统使用的频率将会降低，同时，多用户长时间访问数据库服务器，也会增大服务器的负担，在 SQL Server 中提供了"存储过程"这个机制来预先编译好部分功能的语句，隐藏表的细节，用以提高执行效率。

【任务分析】

要提高用户在客户端执行的效率，就必须考虑将数据的处理转移到 SQL Server 服务器上去存储和执行，那么如何在服务器端进行这样的操作呢？如何在服务器端尽量隐藏表的细节呢？首先需要知道 SQL Server 2012 中提供的存储过程是如何组织的，然后将其应用于借阅系统项目，有效地提高执行效率。

通过对存储过程的了解，以及对执行效率低的代码的分析，找出了如下解决任务的关键点，逐层分析，依次递进，只有掌握了存储过程的创建和执行方法，才能在借阅系统中恰当地使用存储过程，任务分解如表 6.1 所示。

表 6.1　借阅系统存储过程任务分解

序号	名　称	任务内容	方　法	目　标
1	选择合适的存储过程类型应用到借阅系统	理解存储过程的概念、类型，掌握存储过程的创建、管理方法	边讲边练	通过对存储过程概念的理解，为借阅系统选择合适的存储过程类型
2	创建借阅系统无参数存储过程	分别使用图形工具和 SQL 语句，为借阅系统创建无参数存储过程	举一反三、开发项目	为借阅系统创建合适的无参数存储过程
3	创建借阅系统带参数存储过程	分别使用图形工具和 SQL 语句，为借阅系统创建有参数存储过程	举一反三、开发项目	为借阅系统创建合适的有参数存储过程

任务6.1 选择合适的存储过程类型应用到借阅系统

【任务目标】

通过在借阅系统中设计无参数和有参数存储过程，实现模块化程序设计，提高系统性能，减少网络通信流量，防止用户表细节的暴露。

【任务实施】

通过对存储过程含义的理解，深入分析不同类型的存储过程的情况，选择适合借阅系统项目的存储过程操作。

6.1.1 存储过程含义

存储过程是一组可编译为单个执行计划的 T–SQL 语句集合，提供了一种封装任务的方法，并具有强大的编程功能，可帮助开发人员实现跨应用程序的逻辑一致性。

存储过程的主体是标准的 SQL 命令，同时，包括 T–SQL 的语句块、结构控制命令、变量、常量、运算符、表达式、流程控制语句等内容。

6.1.2 存储过程的分类

存储过程有以下几种类型：系统存储过程、用户自定义的存储过程、临时存储过程和远程存储过程。

1. 系统存储过程

系统存储过程是由 SQL Server 提供的过程，可以作为命令直接执行。系统存储过程还可以作为模板存储过程，指导用户如何编写有效的存储过程。系统存储过程前缀为"sp_"。系统存储过程可以在任意一个数据库中执行。

2. 用户自定义的存储过程

用户自定义的存储过程是用户创建的存储过程，一般存放在用户建立的数据库中。其名称前面一般不加"sp_"前缀，可以在管理平台中和应用程序中调用，以完成特定的任务。

3. 临时存储过程

临时存储过程属于用户存储过程，如果用户存储过程前面加上符号"#"，则该存储过程称为局部临时存储过程，只能在一个用户会话中使用。若用户存储过程前面加上符号"##"，则该过程称为全局存储过程，可以在所有用户会话中使用。

4. 远程存储过程

远程存储过程是指从远程服务器上调用的存储过程，或者从连接到另外一个服务器上的客户机上调用的存储过程，是非本地服务器上的存储过程。

6.1.3 选择存储过程的类型

根据用户需求及 SQL Server 提供的存储过程的类型，根据如下原则进行任务中存储过程类型的选择：

（1）系统管理员想查看所有的数据库服务器的所有表的信息，即建立的存储过程都依赖于哪些用户表，选择使用系统存储过程。

（2）老师和学生查询某些固定信息，例如李老师查询所有借阅记录的基本信息，不需要用户提供查询条件的时候，选择使用无参数存储过程。

（3）老师和学生根据自己输入的信息进行查询的时候，选择使用有参数存储过程。

（4）用于执行中间过程的语句，只能在某个用户会话中使用，选择使用临时存储过程。

（5）系统管理员在校外对远程服务器进行调用的时候，选择使用远程存储过程。

6.1.4 存储过程创建

1. 存储过程的创建规范

创建存储过程时应考虑以下规范：

（1）用相应的架构名称限定存储过程所引用的对象名称，从而确保从存储过程中访问来自不同架构的表、视图或其他对象。如果被引用的对象名称未加限定，则默认情况下将搜索存储过程的架构。

（2）设计每个存储过程以完成单项任务。

（3）在服务器上创建、测试存储过程，并对其进行故障诊断，然后在客户端上进行测试。

（4）命名本地存储过程时应避免使用"sp_"前缀，以便易于区分系统存储过程。在本地数据库中避免对存储过程使用"sp_"前缀的另一个原因是避免对 Master 数据库进行不必要的搜索。当调用名称以"sp_"开头的存储过程时，SQL Server 先搜索 Master 数据库，然后再搜索本地数据库。

（5）尽量减少临时存储过程的使用，以避免对 tempdb 中的系统表的争用，这种情况可能对性能有不利的影响。

2. 在管理平台中创建存储过程

（1）启动管理平台，在"对象资源管理器"中展开服务器。

（2）展开"数据库"节点，选择要创建存储过程的数据库 bookmanager，展开"可编程性"节点，用鼠标右键单击"存储过程"节点，在弹出的菜单中选择"新建存储过程"命令，如图 6.1 所示。

（3）可打开新建存储过程模板，如图 6.2 所示。

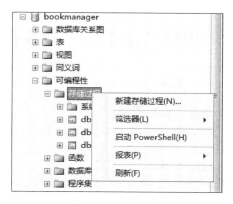

图 6.1 新建存储过程选项图

```
CREATE PROCEDURE <Procedure_Name, sysname, ProcedureName>
    -- Add the parameters for the stored procedure here
    <@Param1, sysname, @p1> <Datatype_For_Param1, , int> = <Default_Value_Fo
    <@Param2, sysname, @p2> <Datatype_For_Param2, , int> = <Default_Value_Fo
AS
BEGIN
    -- SET NOCOUNT ON added to prevent extra result sets from
    -- interfering with SELECT statements.
    SET NOCOUNT ON;

    -- Insert statements for procedure here
    SELECT <@Param1, sysname, @p1>, <@Param2, sysname, @p2>
END
GO
```

图 6.2 新建存储过程模板

（4）在图 6.2 的模板中，根据用户的需求，进行存储过程创建。

3. 使用 CREATE PROCEDURE 语句创建存储过程

利用 CREATE PROCEDURE 命令创建存储过程的语法结构如下：

> Create procedure/proc 存储过程名
> 　　［@ 参数 1　　数据类型 1［= 默认值数值 1］［output］，］
> 　　［@ 参数 2　　数据类型 2［= 默认值数值 2］［output］，］［，…］
> ［with recompile | encryption | recompile, encryption］
> 　　As ＜SQL 语句块＞

其中部分参数含义如下：

（1）每个存储过程最多可有 1 024 个参数。

（2）参数的默认值可以为常量、NULL 或包含通配符的字符串。

（3）output 表明该参数为一个输出参数，当执行存储过程时作为返回值，但是该参数不能是 text 类型。

（4）选项 with recompile，使每次执行存储过程时重新编译，产生新的执行计划。

（5）选项 with encryption 对 syscomments 表中的存储过程文本进行加密，使用户不能利用 sp_helptext 查看存储过程内容。

任务 6.2　创建借阅系统无参数存储过程

【任务目标】

通过上面对不同类型的存储过程适用情况的分析，分析出在借阅系统中可以实现的存储过程，如表 6.2 所示。

表 6.2　借阅系统的无参数存储过程

存储过程名	涉及表格	涉及字段	功　能　描　述
P1	student	sno	查询所有学生的学号和姓名
	student	sname	
P2	student	sno	根据学生的学号，删除这个学生的基本信息及借阅信息，如果没有这个学号的学生，则给出提示
	st_b	sno	

在本任务中，存储过程 P1 用图形工具实现，存储过程 P2 用 SQL 语句实现。让读者既能熟悉图形工具的操作，也可以提高语句的掌握程度。

【任务实施】

结合任务需求分解，使用管理平台和 SQL 语句进行存储过程的创建，并执行查看执行情况。

6.2.1　使用图形工具实现存储过程 P1

1. 使用图形工具创建存储过程 P1

接下来借助图形工具按表 6.2 所示来创建存储过程 P1。

（1）选择"bookmanager"数据库节点展开，选择"可编程性"容器展开，选择"存储过程"，单击鼠标右键，选择"新建存储过程"选项。

（2）在细节窗格显示的新建存储过程模板中进行改写，如图 6.3 所示。

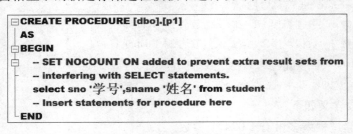

```
CREATE PROCEDURE [dbo].[p1]
  AS
BEGIN
    -- SET NOCOUNT ON added to prevent extra result sets from
    -- interfering with SELECT statements.
    select sno '学号',sname '姓名' from student
    -- Insert statements for procedure here
END
```

图 6.3　改写新建存储过程模板

（3）执行创建过程，查看创建结果，如图 6.4 所示。

（4）存储过程 P1 创建成功。

2. 存储过程的执行

每个存储过程创建成功后，需要"执行存储过程"才能看到存储过程的数据实践结果，接下来介绍如何通过图形化工具执行存储过程。

（1）在"对象资源管理器"中展开服务器。

（2）展开"数据库"节点，选择要执行存储过程的数据库 bookmanager。

（3）展开"可编程性"→"存储过程"节点，选择需执行的存储过程 P1，单击鼠标右键，选择"执行存储过程"命令，如图 6.5 所示。

图 6.4　查看创建结果

图 6.5　图形工具执行存储过程

（4）选择"执行存储过程"命令后出现参数指定的窗口。当被执行的存储过程无参数时，该窗口中的参数项均为空，如图 6.6 所示。单击"确定"按钮后，在 SQL 编辑器中自动生成执行代码，显示执行结果。

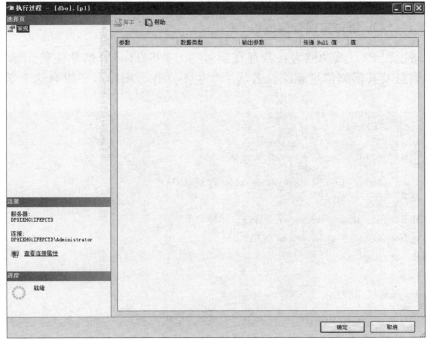

图 6.6　执行过程窗口

（5）如果存储过程正常执行，则存储过程返回值为"0"，如图6.7所示。

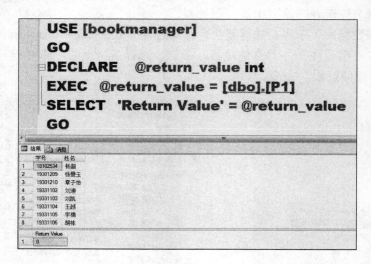

图6.7　图形工具执行存储过程结果

6.2.2　使用 T – SQL 语句实现存储过程 P2

在大多数情况下，作为数据库管理员或者编程人员，在未安装 SQL Server 2012 的客户端中，都会采用 T – SQL 语句来实现存储过程的创建和维护，因此，建议读者在学习过程中花更多时间去熟悉 T – SQL 语句的运用。

在这个任务里，使用 T – SQL 语句来创建存储过程 P2。

1. 使用 T – SQL 语句实现存储过程 P2

创建存储过程 P2，其功能为：若存在学号为"19331103"的学生的记录，则将这个学生的基本信息及其借阅信息删除。若这个学生不存在，则显示"没有这个学生！"。

语句：

```
Create proc P2
As
begin
If exists(select * from student where sno = '19331103')
 Begin
    Delete from student where sno = '19331103'
    Delete from st_b where sno = '19331103'
 End
Else
 Print'没有这个学生！'
end
```

2. 存储过程的执行

上面已经介绍了使用图形工具执行存储过程的方法，下面介绍使用 T - SQL 命令执行存储过程的方法：

> Execute/exec 存储过程名［@参数1 = 默认值数值1］［output］,］
> ［@参数2 = 默认值数值2］［output］,］［,...］

依据该方法，存储过程 P2 的执行方法如下：

> Exec P2

执行结果如图 6.8 所示。

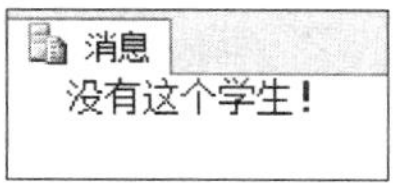

```
消息
没有这个学生！
```

图 6.8　执行结果

任务 6.3　创建借阅系统带参数存储过程

【任务目标】

通过在借阅系统中使用有参数存储过程，实现数据查询及更新的灵活性，提高执行效率，同时，可创建更通用的应用程序逻辑。在借阅系统中可以实现的存储过程如表 6.3 所示。

表 6.3　借阅系统的带参数存储过程

存储过程名	参数名	参数含义	涉及表格	涉及字段	功 能 描 述
P3	@ sname	学生姓名	student	Sname	根据用户输入的学生的姓名，查询学生的所有借阅信息 【带输入参数】
P4	@ tno	教师编号	teacher	tno	根据用户输入的教师编号，检查这个教师是否存在，如果存在，显示出这个教师的基本信息；如果不存在，则向系统录入这个教师的信息 【带输入参数】
	@ tname	教师姓名	teacher	Tname	
	@ tdept	部门	teacher	Deptno	
	@ tsex	性别	teacher	Tsex	
	@ tbirth	生日	teacher	Borndate	
P5	@ bno	书号	t_b	bno	根据用户输入的书号和教师编号，查询教师的借阅情况，并自动修改应还书日期，并将修改后的应还书日期输出 【带输出参数】
	@ tno	教师编号	t_b	tno	
	@ ybkdate	应还书日期 Output	t_b	ybkdate	

在本任务中，存储过程 P3 用图形工具实现，存储过程 P4、P5 用 T - SQL 语句实现。这可让读者既能熟悉图形工具的操作，也可以提高语句的掌握程度。

【任务实施】

结合任务需求分解，使用管理平台和 T - SQL 语句进行存储过程的创建并查看执行情况。

6.3.1　参数的分类

1. 输入参数

用来在调用存储过程时，将实际参数的值传给对应的形式参数，并以此值参与存储过程中的数据处理。输入参数是在过程名之后、AS 关键字之前定义的。

2. 输出参数和返回值

通过使用输出参数和返回值，存储过程可将信息返回给进行调用的存储过程或客户端。

要在 T－SQL 语句中使用输出参数，必须在创建存储过程和执行存储过程的语句中同时指定 output 关键字。如果在执行存储过程时省略了 output 关键字，则存储过程仍将执行，但是不会返回修改的值。

6.3.2　使用图形工具创建带有输入参数的存储过程

1. 创建过程

（1）选择"bookmanager"数据库节点展开，选择"可编程性"容器展开，选择"存储过程"，单击鼠标右键，选择"新建存储过程"选项。

（2）在细节窗格显示的新建存储过程模板中进行改写，如图 6.9 所示。

（3）选择图 6.9 中的代码并执行，在"资源管理器"中查看该数据库下的存储过程，将出现新建的存储过程 P3，如图 6.10 所示。

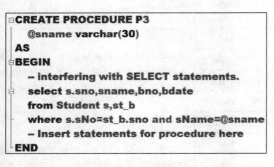

```
CREATE PROCEDURE P3
    @sname varchar(30)
AS
BEGIN
    -- interfering with SELECT statements.
    select s.sno,sname,bno,bdate
    from Student s,st_b
    where s.sNo=st_b.sno and sName=@sname
    -- Insert statements for procedure here
END
```

图 6.9　创建存储过程 P3

图 6.10　查看创建结果

2. 存储过程的执行

（1）在"对象资源管理器"中展开服务器。

（2）展开"数据库"节点，选择数据库"bookmanager"。

（3）展开"可编程性"→"存储过程"节点，选择存储过程"P3"，单击鼠标右键，选择"执行存储过程"命令。

（4）选择"执行存储过程"命令后出现参数指定的窗口，为输入参数给出具体值，例如，给参数@ sname 赋值为"张曼"，如图 6.11 所示。

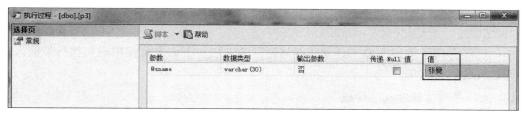

图 6.11 图形工具执行存储过程

（5）单击"确定"按钮后，在 SQL 编辑器中自动生成执行代码，显示执行结果。如果存储过程正常执行，则显示结果如图 6.12 所示。

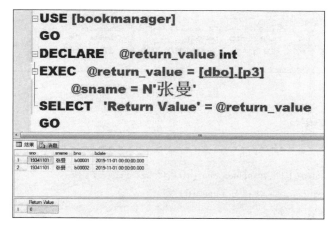

图 6.12 存储过程 P3 执行结果

6.3.3 使用语句创建带有输入参数的存储过程

1. 创建存储过程

根据用户输入的教师编号，检查这个教师是否存在，如果存在，则显示出这个教师的基本信息；如果不存在，则向系统录入这个教师的信息。

语句：

```
Create proc P4 @ tno char(10), @ tname nchar(10), @ tsex char(2),
         @ tborn datetime, @ tdept char(10)
As
Begin
If exists(select * from teacher where tno = @ tno)
   Select * from teacher where tno = @ tno
Else
   Begin
   Insert into teacher(tno, tname, tsex, borndate, deptno)
     values(@ tno, @ tname, @ tsex, @ tborn, @ tdept)
   End
   Select * from teacher where tno = @ tno
end
```

2. 存储过程的执行

前面已经介绍了使用图形工具创建存储过程的方法，下面来看使用语句执行带输入参数的存储过程的执行方法。

1）执行存储过程时直接传值

执行语句：

```
exec p4't007',' 张林丽 ',' 女 ','1973 - 1 - 7','d03'
```

执行结果如图 6.13 所示。

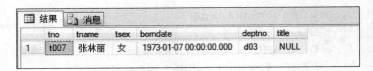

图 6.13　执行结果

2）利用局部变量传值

执行语句：

```
Declare @ tno char(10), @ tname nchar(10), @ tsex char(2)
Declare @ tbirth datetime, @ tdept char(10)
Set @ tno = 't008'
Set @ tname = ' 刘洋 '
Set @ tsex = ' 男 '
Set @ tbirth = '1976 - 9 - 2'
Set @ tdept = 'd04'
Exec p4 @ tno, @ tname, @ tsex, @ tbirth, @ tdept
```

执行结果如图 6.14 所示。

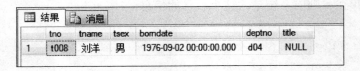

图 6.14　执行结果

3）使用形参名进行传值

执行语句：

```
Exec p4 @ tno = 't008', @ tname = ' 杨林 ', @ tsex = ' 男 ',
        @ tborn = '1958 - 7 - 30', @ tdept = 'd05'
```

执行结果如图 6.15 所示。

［分析］由于 t008 这个教师编号已经存在，因此根据存储过程的执行流程，如果这个教师已经存在，那么查询这个已经存在的教师的信息，就不会执行信息的录入操作了。

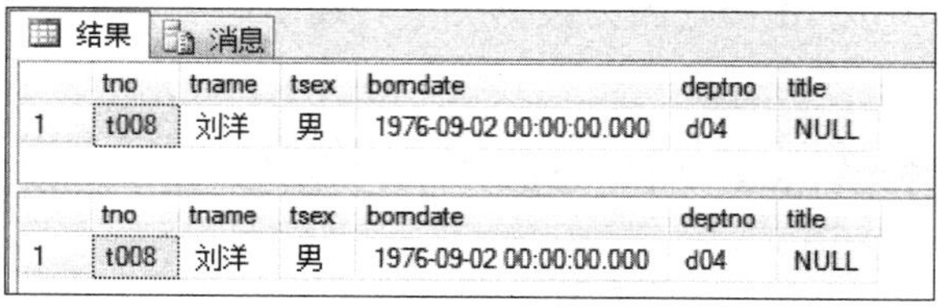

	tno	tname	tsex	borndate	deptno	title
1	t008	刘洋	男	1976-09-02 00:00:00.000	d04	NULL

	tno	tname	tsex	borndate	deptno	title
1	t008	刘洋	男	1976-09-02 00:00:00.000	d04	NULL

图6.15　执行结果

6.3.4　使用语句创建带有输出参数的存储过程

1. 创建存储过程

前面介绍的存储过程都带有多个不同输入参数，下面介绍带有输出参数和返回值的存储过程的创建方法。

根据用户输入的书号和教师编号，查询该教师的借阅情况，并自动修改应还书日期，并将修改后的应还书日期输出。

语句：

```
Create proc p5 @bno char(10),@tno char(10),@ybkdate datetime output
As
Begin
If exists(select * from t_b where bno = @bno and tno = @tno)
    Update t_b
    Set ybkdate = dateadd (dd, 90, bdate)
    Where bno = @bno and tno = @tno
    select @ybkdate = ybkdate from t_b
        Where bno = @bno and tno = @tno
        print @bno + ' 的书籍应还书日期为：' + @ybkdate
end
```

2. 存储过程的执行

使用语句执行存储过程 P5 的方法如下：

```
Declare @bno char(10),@tno char(10),@ybkdate datetime
Set @bno = 'b0001'
Set @tno = 't003'
Exec p5 @bno,@tno,@ybkdate output
```

执行结果1如图6.16所示。

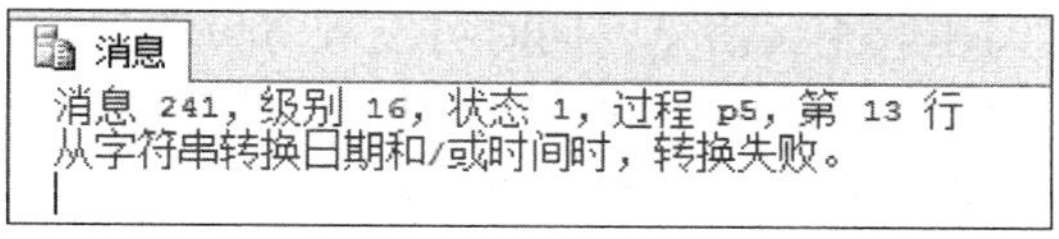

消息 241，级别 16，状态 1，过程 p5，第 13 行
从字符串转换换日期和/或时间时，转换失败。

图6.16　执行结果1

［分析］执行结果 1 中的错误是因为数据类型转换引起的，看程序行数，发现是以下语句出现了问题，如图 6.17 所示。

print @bno+'的书籍应还书日期为:'+@ybkdate

图 6.17　错误语句截图

这条语句中的变量"@ bno"和"常量字符串"都是字符型，而变量@ ybkdate 是 datetime 类型数据，因此需要进行显式数据类型转换函数，语句修改如图 6.18 所示。

print @bno+'的书籍应还书日期为:'+left(convert(varchar(30),@ybkdate),10)

图 6.18　修改语句截图

执行结果 2 如图 6.19 所示。

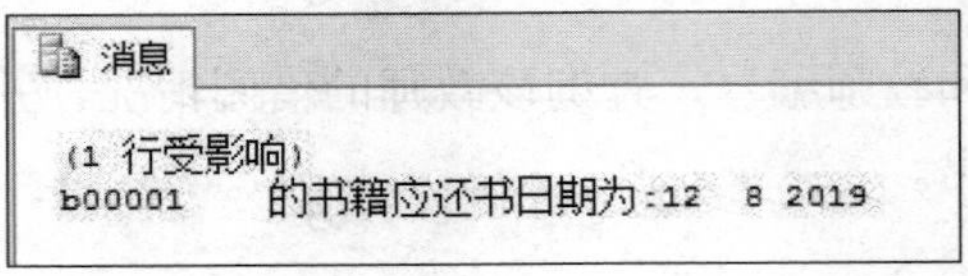

消息

(1 行受影响)
b00001　　的书籍应还书日期为：12 8 2019

图 6.19　执行结果 2

【特别说明】还可以使用 RETURN 语句从存储过程中返回信息。此方法的限制性比使用输出参数更强，因为它仅返回单个整数值。RETURN 参数常用于从过程中返回状态结果或错误代码。

【项目小结】

在本子项目中通过对存储过程的创建和执行的学习，可以实现将多条数据操作的语句集成到一个过程中去实施，同时也可以调用触发器去实施，是今后实际项目编写过程中需要重点掌握和了解的内容。

【项目任务拓展】

根据前面建立的图书管理系统数据库表的内容，结合常用的图书管理人员日常的工作流程，完成以下存储过程的设计，提供代码可重用性和执行效率：

（1）创建名为"图书出版情况"的存储过程，可以检索出所有图书的"书名""作者名""出版社名"信息。

（2）创建名为"作者查询"的存储过程，可以检索出指定作者的"作者名"，以及该作者出版图书的名字和相应的出版社名，要求将作者姓名通过参数传递给存储过程。

（3）创建名为"罚款查询"的存储过程，可以检索出哪些借阅人借阅的图书已经到了应还书时间，可是还没有归还的相关信息，同时可以查看应罚款的金额。

（4）创建名为"借阅人资格查询"的存储过程，可以检索出指定借阅人的借书证是否有效、可以借阅多少图书、已经借阅了多少图书、可以借阅时间期限等信息，要求将借阅人信息通过参数传递给存储过程。

【提示】

（1）可以使用 IF 语句先判断当前数据库中是否已经存在一个与要建立的存储过程名字相同的存储过程，如果存在，就删除已经存在的存储过程。这样可以保证存储过程建立过程的实施。

（2）应还书时间是系统根据相关信息自动计算出来的，计算方法可以参考：

$$应还书时间 = 借阅时间 + 借阅期限$$

（3）需要时间日期函数来获取系统当前时间，参考如下：

```
getdate()
```

子项目 7

配置借阅系统的安全管理

【子项目背景】

在借阅系统的基本功能设计完成后，目前能使用系统的用户包括老师和学生，老师可以查看和维护个人及借阅信息，学生也可以查看和维护个人及个人借阅信息，这样系统功能就存在了不同用户要使用同一功能的情况，那么如果老师能看到学生的借阅信息，并且可以修改学生的借阅信息，这怎么控制呢？

要解决上面的问题，就需要了解数据库的安全性管理的内容。SQL Server 2012 中提供了专门的维护数据库安全性的机制，其要点在于让合适的用户只能访问数据库中需要的部分，避免用户或者恶意攻击者越权访问数据库中的对象。维护安全性需要根据不同用户或者应用程序的工作需求，合理地分配其在数据库中的权限。

【任务分析】

发现存在问题后，仔细分析了目前系统的使用者和系统功能之间的对应关系，总结出以下内容：

（1）目前系统的主要用户：教师、学生和服务器管理员。

（2）系统中存在同一功能多类用户使用的情况。

（3）系统也存在不同用户使用不同功能的情况。

通过对 SQL Server 2012 提供的安全体系的了解，打算从让不同用户在登录时匹配不同的登录名、不同权限的用户隶属于不同角色、使用 SQL 语句为不同角色分配不同权限的角度去解决上面几个问题，让每个用户都拥有其合理的权限。

在实际生活中，当一个用户需要访问资源时需要如下步骤：

（1）需要有第 1 把钥匙要进入存放资源的大楼。

（2）由于大楼有很多房间，需要有第 2 把钥匙进入大楼内存放这个资源的房间。

（3）进入房间后要有第 3 把钥匙打开存放资源的抽屉。

这就如同一个最基本的安全性问题，某用户登录数据库系统，操作其中一个数据库内的表中的数据一样，那么确保只有合法的用户才能登录到系统中，确保不同用户角色可以实施各自不同的权限，设计了表 7.1 所示的子项目任务。

表 7.1 借阅系统项目安全管理实施任务分解

序号	名 称	任 务 内 容	方 法	目 标
1	配置服务器安全对象	理解不同的身份验证模式的含义，使用 SQL Server 登录名的方法	边讲边练	通过对 SQL Server 登录名的理解，为借阅系统不同用户创建不同的登录名
2	配置数据库安全对象	掌握数据库用户的创建方法，理解架构或者模式的含义及使用	举一反三、开发项目	为借阅系统规划用户
3	配置数据库角色	熟练掌握使用 SQL 语句对不同角色分配权限的方法	边讲边练	为借阅系统规划用户和角色，正确地规划每个角色的权限

任务 7.1 配置服务器安全对象

【任务目标】

从借阅系统的不同用户出发，结合 SQL Server 的不同身份验证模式进行分析，详细规划在混合模式下 SQL Server 登录名的创建，获得访问数据库的第一把钥匙。

【任务实施】

理解不同的登录身份验证模式，为不同登录用户设计相应权限的登录名。

7.1.1 身份验证模式

SQL Server 2012 提供了两种身份验证模式，不同的登录方式针对不同的身份验证模式，如图 7.1 所示。

图 7.1 登录服务器

1. Windows 身份验证模式

该模式使用 Windows 授权的用户，并允许通过身份验证的用户登录到 SQL Server。该登录名将映射到用户的 Windows 账户。该模式是 SQL Server 的默认登录模式。

在所有用户都必须通过用户账户验证的网络环境中，可使用 Windows 身份验证模式（Microsoft Windows 98 以及以前的操作系统不支持 Windows 身份验证）。

2. 混合模式

混合模式即"SQL Server 和 Windows 身份验证模式"，SQL Server 可以保存为映射到 Windows 用户的登录名，用户可通过提交一个由独立于 Windows 用户名的 SQL Server 登录名和密码来访问 SQL Server。

当必须允许不具备 Windows 凭据的用户或应用程序也可连接 SQL Server 时，应使用"混合模式"。

不论使用哪种安全模式，要确保系统管理员登录（sa）的密码不能为空。

这两种身份验证模式的优点如下：

（1）Windows 身份验证模式使用户得以通过 Microsoft Windows® 用户账户进行连接，提供更高的安全性。

（2）混合模式使用户得以使用 Windows 身份验证或 SQL Server 身份验证与 SQL Server 实例连接。在 Windows 身份验证模式或混合模式下，通过 Windows NT 4.0 或 Windows 2000\2003 用户账户连接的用户可以使用信任连接。

7.1.2 SQL Server 登录名

登录名是一种 SQL Server 的安全性主体，主体是一个已授权的标识，可为其授予访问数据库系统中的对象的权限。SQL Server 登录名是属于 SQL Server 级别的主体。

【特别说明】sa 是一个默认的 SQL Server 登录名，拥有操作 SQL Server 系统的所有权限。该登录名不能被删除。当采用混合模式安装 Microsoft SQL Server 数据库管理系统时，应该为 sa 指定一个密码。

7.1.3 决定使用登录名

要确定借阅系统中需要创建的登录名，需要先确定该项目中的用户。

1. 确定借阅系统使用者

（1）由系统功能来分析，使用者包括学生、教师、管理员。

（2）UML 建模设计的用例图中的参与者可以直接引用，作为使用者。

2. 为使用者设计登录名

为不同的使用者建立登录名，如表 7.2 所示。

表7.2 登录名设计

使用者	登录名	说　　　明
学生	S1	所有学生用户都使用这个登录名访问数据库服务器
教师	T1	所有教师用户都使用这个登录名访问数据库服务器
管理员	G1	采用 Windows 身份验证模式
	G2	采用混合模式

7.1.4 使用管理平台创建学生登录名

在"对象资源管理器"中，展开"安全性"，用鼠标右键单击"登录名"节点，选择"新建"→"登录"选项，如图7.2所示，即进入"登录名–新建"对话框，如图7.3所示，也可以在这修改、删除登录名。

图7.2 新建登录名

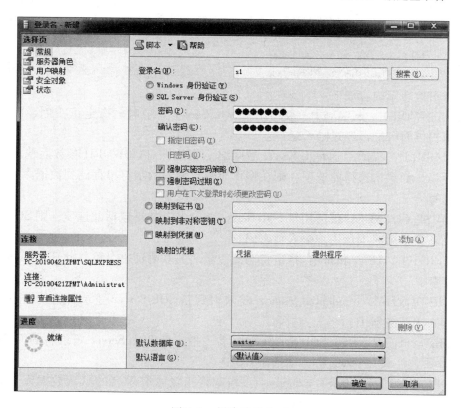

图7.3 创建登录名 s1

在图7.3中填写登录名 s1，选择身份验证方式"SQL Server 身份验证"，填写密码和确认密码框，选择默认数据库为 master，其他可以跟随系统默认选项，创建登录名 s1。其中，图7.3中创建的登录名属于混合模式下的 SQL Server 身份验证。

7.1.5 使用 T – SQL 语句创建教师登录名

使用 SQL 语句创建登录名的语法如下：

```
    CREATE LOGIN  < 登录名 >                                  -- 创建登录名
      │WITH  < PASSWORD = 'password'[ HASHED ] [ MUST_CHANGE ] > -- 设置登录密码
              [ , < option_list1 > [ , ... ] ] │ FROM  < sources >│
    < option_list1 > :: =                                    -- 设置登录名选项
        SID = sid
          │ DEFAULT_DATABASE = database                      -- 默认数据库
          │ DEFAULT_LANGUAGE = language                      -- 默认语言
          │ CHECK_EXPIRATION =  {ON │ OFF}                   -- 强制密码策略
          │ CHECK_POLICY =  {ON │ OFF}                       -- 强制实施 Windows 密码策略
          [ CREDENTIAL = credential_name ]
    < sources >  :: =                                        -- 设置证书
        WINDOWS [ WITH  < windows_options > [ , ... ]]
          │ CERTIFICATE certname
    < windows_options >  :: =                                -- 设置默认选项
        DEFAULT_DATABASE = database
          │ DEFAULT_LANGUAGE = language
```

其中，各个参数表示内容如下：

（1）PASSWORD = 'password'：仅适用于 SQL Server 登录名。指定正在创建的登录名的密码。此值提供时可能已经过哈希运算。

（2）HASHED：仅适用于 SQL Server 登录名。指定在 PASSWORD 参数后输入的密码已经过哈希运算。如果未选择此选项，则在将作为密码输入的字符串存储到数据库之前，对其进行哈希运算。

（3）MUST_CHANGE：仅适用于 SQL Server 登录名。如果包括此选项，则 SQL Server 将在首次使用新登录名时提示用户输入新密码。

（4）CERTIFICATE certname：指定将与此登录名关联的证书名称。此证书必须已存在于 master 数据库中。

（5）CREDENTIAL = credential_name：将映射到新 SQL Server 登录名的凭据名称。该凭据必须已存在于服务器中。

（6）SID = sid：仅适用于 SQL Server 登录名，指定新 SQL Server 登录名的 GUID。如果未选择此选项，则 SQL Server 将自动指派 GUID。

（7）DEFAULT_DATABASE = database：指定将指派给登录名的默认数据库。如果未包括此选项，则默认数据库将设置为 master。

（8）DEFAULT_LANGUAGE = language：指定将指派给登录名的默认语言。如果未包括此选项，则默认语言将设置为服务器的当前默认语言。即使将来服务器的默认语言发生更改，登录名的默认语言也仍保持不变。

（9）CHECK_EXPIRATION = {ON │ OFF}：仅适用于 SQL Server 登录名，指定是否对此

登录名强制实施密码过期策略，默认值为 OFF。

（10）CHECK_POLICY = {ON | OFF}：仅适用于 SQL Server 登录名。指定应对此登录名强制实施运行 SQL Server 的计算机的 Windows 密码策略。默认值为 ON。

【登录名 1】创建登录名 t1，属于混合模式，默认数据库是"master"，密码是"pass"。

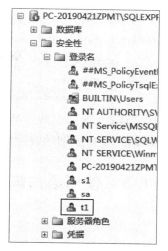

图 7.4 创建的登录名 t1

```
Create login t1
With password = 'pass' , default_database = master
```

【结果 1】

查看刚刚创建的登录名，如图 7.4 所示。

【结果 2】

使用刚刚创建的 SQL Server 登录名 t1，尝试登录数据库服务器，如图 7.5 所示。

图 7.5 使用登录名 t1 登录

登录成功后，可以看到图 7.6 所示的服务器连接。

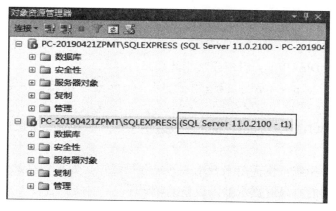

图 7.6 登录名 t1 连接服务器

【特别说明】如果用户想创建一个属于 Windows 身份验证模式的教师登录名，那么需要在有域用户的情况下才能完成创建过程。创建语句如下：

```
Create login [ test\t1 ]
From windows
With password = 'pass', default_database = bookmanager
```

其中，test 是登录名所在的服务器的名字，是在 Windows 身份模式下能被识别的一种 Windows 用户身份识别的表示方法。

7.1.6　使用语句管理教师登录名

登录名的管理包括登录名的名称、密码、密码策略、默认的数据库等信息的修改、登录名的启用和禁用以及登录名的删除操作。

使用 SQL 语句进行维护的语法结构如下：

```
ALTER LOGIN < 登录名 >
| < status_option >
        | WITH < set_option > [ ,... ]
|
< status_option > :: =                      -- 启用和禁用登录名
        ENABLE | DISABLE


< set_option > :: =                         -- 设置选项
PASSWORD = 'password'
[ OLD_PASSWORD = 'oldpassword'
    | MUST_CHANGE | UNLOCK ]
| DEFAULT_DATABASE = database
| DEFAULT_LANGUAGE = language
| NAME = login_name
| CHECK_POLICY = { ON | OFF }
| CHECK_EXPIRATION = { ON | OFF }
| CREDENTIAL = credential_name
| NO CREDENTIAL
```

各参数说明内容如下：

（1）ENABLE | DISABLE：启用或禁用此登录。

（2）PASSWORD = 'password'：仅适用于 SQL Server 登录账户，指定正在更改的登录的密码。

（3）OLD_PASSWORD = 'oldpassword'：仅适用于 SQL Server 登录账户。要指派新密码的登录的当前密码。

（4）MUST_CHANGE：仅适用于 SQL Server 登录账户。如果包括此选项，则 SQL Server 将在首次使用已更改的登录时提示输入更新的密码。

（5）DEFAULT_DATABASE = database：指定将指派给登录的默认数据库。

（6）DEFAULT_LANGUAGE = language：指定将指派给登录的默认语言。

（7）NAME = login_name：正在重命名的登录的新名称。如果是 Windows 登录，则与新名称对应的 Windows 主体的 SID 必须匹配与 SQL Server 中的登录相关联的 SID。SQL Server 登录的新名称不能包含反斜杠字符（\）。

（8）CHECK_EXPIRATION = {ON | OFF}：仅适用于 SQL Server 登录账户。指定是否对此登录账户强制实施密码过期策略。默认值为 OFF。

（9）CHECK_POLICY = {ON | OFF}：仅适用于 SQL Server 登录账户。指定应对此登录账户强制实施运行 SQL Server 的计算机的 Windows 密码策略。默认值为 ON。

（10）CREDENTIAL = credential_name：将映射到 SQL Server 登录的凭据的名称。该凭据必须已存在于服务器中。

（11）NO CREDENTIAL：删除登录到服务器凭据的当前所有映射。

（12）UNLOCK：仅适用于 SQL Server 登录账户。指定应解锁被锁定的登录。

【登录名 2】现在想要给教师登录名修改密码，密码修改为"passdatabase"。

```
Alter login t1
With password = 'passdatabase'
```

如果此时还使用 t1 的原密码登录，则出现图 7.7 所示的错误。

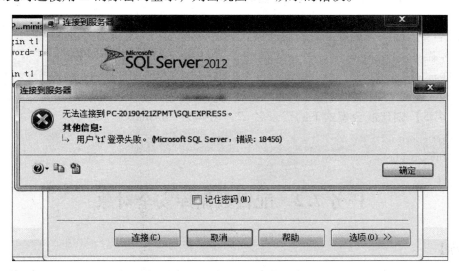

图 7.7 登录密码错误

使用新修改的密码后，登录成功。

【登录名 3】要进行总体用户的设置，需要先让教师登录名禁用，然后启用，禁用登录名的方法如下：

```
Alter login t1 disable
```

禁用后，重新连接数据库服务器，使用登录名 t1 验证登录，结果如图 7.8 所示。

启用登录名的方法如下：

```
Alter login t1 enable
```

重新尝试使用登录名 t1 连接数据库引擎，即会成功。

图 7.8　禁用登录名登录结果

7.1.7　使用语句创建管理员登录名

【登录名 4】创建 Windows 身份验证模式下的登录名 g1，密码为"manager"。

```
Create login [test\g1]
From windows
With password = 'manager'
```

【登录名 5】创建混合模式下的登录名 g2，密码为"manager"。

```
Create login g2
With password = 'manager'
```

任务 7.2　配置数据库安全对象

【任务目标】

　　继续前面的资源访问，通过创建登录名，取得了第 1 把钥匙，那么要访问指定的数据库，就需要第 2 把钥匙，访问数据库的认证，授予用户账号，即借阅系统的不同使用者如果想要继续访问，还需要有数据库级别的安全主体，也就是数据库用户和角色，才能进行。

　　分析了使用者的操作后，根据表 7.3 创建数据库用户和角色。

表 7.3　借阅系统的数据库用户和角色

使用者	登录名	数据库用户名	角色名	权　限　描　述
学生	s1	s05301101	R1	修改学生表，查看学生表，查看学生借阅表
教师	t1	t10101	R2	查看和修改教师表和学生表，查看教师借阅表

续表

使用者	登录名	数据库用户名	角色名	权　限　描　述
管理员	g1	g30101	r3	该系统的所有功能
	g2	g30105	r3	该系统的所有功能
	g3	g30106	r3	功能由 g30105 用户分配

在本任务中，所有的数据库用户都使用 T – SQL 语句进行创建和维护。

【任务实施】

理解使用数据库用户和角色的含义，使用 T – SQL 语句进行借阅系统相关用户和角色的创建。

7.2.1　使用 T – SQL 语句创建数据库用户

可以使用 CREATE USER 语句在指定的数据库中创建用户。由于用户是登录名在数据库中的映射，因此在创建用户时需要指定登录名。

创建语法如下：

```
CREATE USER <用户名>  [ { { FOR | FROM }
   {
       LOGIN login_name                     --指定登录名
       | CERTIFICATE cert_name
       | ASYMMETRIC KEY asym_key_name
   }
   | WITHOUT LOGIN
   ]
[ WITH DEFAULT_SCHEMA = schema_name ]
```

其中，各参数内容说明如下：

（1）LOGIN login_name：指定要创建数据库用户的 SQL Server 登录名。login_name 必须是服务器中有效的登录名。当此 SQL Server 登录名进入数据库时，它将获取正在创建的数据库用户的名称和 ID。

（2）CERTIFICATE cert_name：指定要创建数据库用户的证书。

（3）ASYMMETRIC KEY asym_key_name：指定要创建数据库用户的非对称密钥。

（4）WITH DEFAULT_SCHEMA = schema_name：指定服务器为此数据库用户解析对象名称时将搜索的第一个架构。

（5）WITHOUT LOGIN：指定不应将用户映射到现有登录名。

下面通过以下操作，创建表 7.3 中的 5 个用户。

【用户1】 创建学生用户，用户名为"s05301101"，使用学生登录名 s1。

```
Create user s05301101
for login s1
```

【用户 2】 创建教师用户，用户名为"t10101"，使用学教师登录名 t1。

```
Create user t10101
   for login t1
```

【用户 3】 创建管理员用户，用户名为"g30101"，使用管理员登录名 g1。

```
Create user g30101
   for login g1
```

【用户 4】 创建管理员用户，用户名为"g30105"，使用管理员登录名 g2。

```
Create user g30105
   for login g2
```

【用户 5】 创建管理员用户，用户名为"g30106"，使用管理员登录名 g3。

```
Create user g30106
   for login g3
```

【创建结果】

以上几个练习完成后，目前已经创建的登录名和用户如图 7.9 所示。

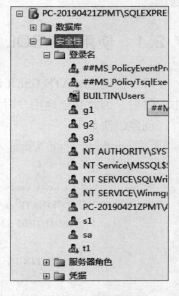

图 7.9 用户创建结果

7.2.2 使用 T – SQL 语句修改用户

1. 修改用户

可以使用 ALTER USER 语句修改用户。修改用户包括两个方面：

（1）可以修改用户名。

（2）可以修改用户的默认架构。

修改用户的 SQL 语句语法如下：

```
ALTER USER  <用户名>
        WITH  <set_item>  [,...n]
  <set_item>  ::  =                                      -- 设置选项值
           NAME = new_user_name
         | DEFAULT_SCHEMA = schema_name
```

各参数的内容说明如下：

（1）NAME = new_user_name：指定此用户的新名称。new_user_name 不得已存在于当前数据库中。

（2）DEFAULT_SCHEMA = schema_name：指定服务器在解析此用户的对象名称时将搜索的第一个架构。

【用户 6】 将学生用户 s05301101 的名字更改为 s05341101。

```
Alter user s05301101
With name = s05341101
```

2. 删除用户

如果用户不再需要了，可以使用 DROP USER 语句删除数据库中的用户。

删除用户的 SQL 语句语法如下：

```
Drop user <用户名>
```

7.2.3　使用 T－SQL 语句创建架构

架构是形成单个命名空间的数据库实体的集合。架构是数据库级的安全对象，也是 Microsoft SQL Server 系统强调的新特点，是数据库对象的容器。

管理架构包括创建架构、查看架构的信息、修改架构及删除架构等。

1. 创建架构

使用 CREATE SCHEMA 语句不仅可以创建架构，而且在创建架构的同时还可以创建该架构所拥有的表、视图，并且可以对这些对象设置权限。下面讲述如何创建架构。

创建架构的 SQL 语句语法如下：

```
CREATE SCHEMA schema_name_clause [ < schema_element > [ , ... n]]


< schema_name_clause > :: =
{
  schema_name
| AUTHORIZATION owner_name
| schema_name AUTHORIZATION owner_name
}


< schema_element > :: =
{
    table_definition | view_definition | grant_statement
    revoke_statement | deny_statement
}
```

各参数的内容说明如下：

（1）schema _name：在数据库内标识架构的名称。

（2）AUTHORIZATION owner_name：指定将拥有架构的数据库级主体的名称。此主体还可以拥有其他架构，并且可以不使用当前架构作为其默认架构。

（3）table_definition：指定在架构内创建表的 CREATE TABLE 语句。执行此语句的主体必须对当前数据库具有 CREATE TABLE 权限。

（4）view_definition：指定在架构内创建视图的 CREATE VIEW 语句。执行此语句的主体必须对当前数据库具有 CREATE VIEW 权限。

（5）grant_statement：指定可对除新架构外的任何安全对象授予权限的 GRANT 语句。

（6）revoke_statement：指定可对除新架构外的任何安全对象撤销权限的 REVOKE 语句。

（7）deny_statement：指定可对除新架构外的任何安全对象拒绝授予权限的 DENY 语句。

2. 创建架构 sch2，在该架构内创建表 sc（sno int，sname char（20））。

（1）创建架构，设置其授权主体名为 g30101：

```
create schema sch2 authorization g30101
```

使用用户 g30101 对应的登录名 g1 登录并连接数据库引擎，查看架构，如图 7.10 所示。

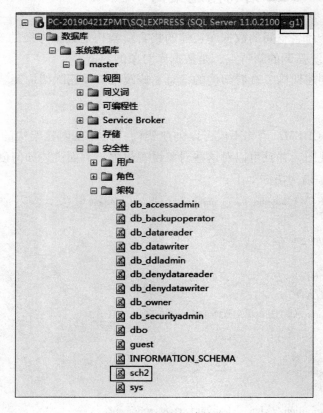

图 7.10　架构创建结果

（2）创建表 sc，语句如下：

```
create table sc(sno int,sname char(20))
```

【思考】

执行完创建表的语句后，出现图 7.11 所示的结果，是什么原因呢？

（1）检查创建表的语句有没有错误；

（2）检查是否有权限问题。

接下来看下一个任务，介绍怎么解决权限问题。

消息

消息 262，级别 14，状态 1，第 1 行
在数据库 'master' 中拒绝了 CREATE TABLE 权限。

图 7.11 错误提示

任务 7.3 配置借阅系统的数据库角色

【任务目标】

到这里，可以真正地访问到资源了，也就是要获得第 3 把钥匙，访问表、视图、存储过程等数据库对象。这把钥匙主要是将对于这些数据库对象的访问权限授权给一定的角色，这样属于这个角色的用户就可以拥有相应的权限了。

【任务实施】

通过分析不同数据库角色的用户需求，创建不同的角色并授权。

7.3.1 数据库角色的种类

数据库角色是数据库级别的主体，也是数据库用户的集合。数据库用户可以作为数据库角色的成员，继承数据库角色的权限。数据库管理人员可以通过管理角色的权限来管理数据库用户的权限。

Microsoft SQL Server 2012 系统提供了一些固定数据库角色和 Public 特殊角色。

（1）固定数据库角色：授予了管理公共数据库任务的权限，Microsoft SQL Server 2012 系统提供了 9 个固定数据库角色。其角色描述如表 7.4 所示。

表 7.4 固定数据库角色

角 色 名	描 述
db_owner	执行所有数据库角色的活动
db_accessadmin	添加或删除数据库用户、组和角色
db_ddladmin	添加、修改或删除数据库中的对象
db_securityadmin	分配语句和对象权限
db_backupoperator	备份数据库
db_datareader	读取任意表的数据
db_datawriter	添加、修改或删除所有表中的数据
db_denydatareader	不能读取任意表的数据
db_denydatawriter	不能更改任意表的数据

（2）用户定义的数据库角色：相同数据库权限的多个用户。

（3）Public 特殊角色：包含数据库中所有用户，且在初始状态没有权限。维护数据库中用户的所有默认权限。

7.3.2 决定建立哪些角色

在分析使用者的操作后，根据表7.5创建数据库角色。

表7.5 借阅系统的数据库用户和角色

使用者	登录名	数据库用户名	角色名	权　限　描　述
学生	s1	s05341101	r1	修改学生表，查看学生表，查看学生借阅表
教师	t1	t10101	r2	查看和修改教师表和学生表，查看教师借阅表
管理员	g1	g30101	r3	该系统的所有功能
	g2	g30105	r3	该系统的所有功能
	g3	g30106	r4	创建表

7.3.3 使用 T-SQL 语句创建数据库角色

1. 创建角色

创建角色的 SQL 语法结构如下：

```
CREATE ROLE  <角色名>
[ AUTHORIZATION owner_name]
```

其中，AUTHORIZATION owner_name 代表将拥有新角色的数据库用户或角色。如果未指定用户，则执行 CREATE ROLE 的用户将拥有该角色。

【角色1】创建学生角色 r1。

```
Create role r1
```

【角色2】创建教师角色 r2。

```
Create role r2
```

【角色3】创建管理员角色 r3。

```
Create role r3
```

2. 为角色添加数据库用户

某个数据库用户想要使用自己的权限，需要先隶属于拥有这个权限的角色，所以先来看如何将数据库用户加入相应的角色中。

在 SQL 语句中，使用存储过程来实现角色成员的添加，其语法如下：

```
sp_addrolemember [@ rolename = ] 'role', [@ membername = ] 'security_account'
```

其中，各参数内容说明如下：

（1）[@ rolename =] 'role'：当前数据库中的数据库角色的名称。role 数据类型为 sysname，无默认值。

（2）[@ membername =] 'security_account'：是添加到该角色的安全账户。security_account 数据类型为 sysname，无默认值。security_account 可以是数据库用户、数据库角色、

Windows 登录或 Windows 组。

（3）执行添加语句之后的返回结果是 0（代表成功）或者 1（代表失败）。

【角色4】将学生用户 s05341101 加入角色 r1 中。

```
Exec sp_addrolemember'r1', 's05341101'
```

【角色5】将教师用户 t10101 加入角色 r2 中。

```
Exec sp_addrolemember'r2', 't10101'
```

【角色6】将管理员用户 g30101、g30105 加入角色 r3 中。

```
Exec sp_addrolemember'r3', 'g30101'
Exec sp_addrolemember'r3', 'g30105'
```

7.3.4 权限分配

结合表 7.5 的分析，根据不同角色进行权限分配。权限是执行操作、访问数据的通行证，具体说明了用户可以做什么，不可以做什么，是安全性的最基本的体现。用户在数据库内的权限取决于用户账户的权限和该用户所属的角色的成员。

1. 使用 SQL 语句进行权限授予

在 Microsoft SQL Server 2012 系统中，可以使用 GRANT 语句将安全对象的权限授予指定的安全主体。在执行 GRANT 语句时，授权者必须具有带 GRANT OPTION 的相同权限，或具有隐含所授予权限的最高权限。

1）授权语句

授予权限的 SQL 语句语法如下：

```
GRANT{ALL [PRIVILEGES]} | permission [ ( column [ ,...n ] ) ] [ ,...n ]
[ ON [ class :: ] securable ]
TO principal [ ,...n ]
[ WITH GRANT OPTION ] [ AS principal ]
```

其中，各参数的内容说明如下：

（1）ALL：该选项并不授予全部可能的权限。授予 ALL 参数相当于授予以下权限。

①如果安全对象为数据库，则 "ALL" 表示 BACKUP DATABASE、BACKUP LOG、CREATE DATABASE、CREATE DEFAULT、CREATE FUNCTION、CREATE PROCEDURE、CREATE RULE、CREATE TABLE 和 CREATE VIEW。

②如果安全对象为标量函数，则 "ALL" 表示 EXECUTE 和 REFERENCES。

③如果安全对象为表值函数，则 "ALL" 表示 DELETE、INSERT、REFERENCES、SELECT 和 UPDATE。

④如果安全对象为存储过程，则 "ALL" 表示 DELETE、EXECUTE、INSERT、SELECT 和 UPDATE。

⑤如果安全对象为表，则 "ALL" 表示 DELETE、INSERT、REFERENCES、SELECT 和 UPDATE。

⑥如果安全对象为视图，则"ALL"表示 DELETE、INSERT、REFERENCES、SELECT 和 UPDATE。

（2）PRIVILEGES：包含此参数已符合 SQL–92 标准。请不要更改 ALL 的行为。

（3）permission：权限的名称。下面列出的子主题介绍了不同权限与安全对象之间的有效映射。

（4）column：指定表中将授予其权限的列的名称。需要使用括号"（）"。

（5）class：指定将授予其权限的安全对象的类。需要范围限定符"::"。

（6）securable：指定将授予其权限的安全对象。

（7）TO principal：主体的名称。可为其授予安全对象权限的主体随安全对象而异。有关有效的组合，请参阅下面列出的子主题。

（8）GRANT OPTION：指示被授权者在获得指定权限的同时还可以将指定权限授予其他主体。

（9）AS principal：指定一个主体，执行该查询的主体从该主体获得授予该权限的权利。

【权限1】将对学生表的查询权限赋予角色 r1。

```
Grant select on student to r1
```

验证权限是否已经赋予的方法：

（1）选择一个该角色下的用户 s05341101。

（2）使用该用户对应的登录名连接数据库引擎。

（3）查询学生表内容，结果如图 7.12 所示。

	sno	sname	ssex	borndate	classname	telephone	enrolldate	address	comment
1	19331101	张曼	女	1999-05-03 00:00:00.000	计算机应用	98602354856	2019-09-01 00:00:00.000	辽宁沈阳	NULL
2	19331102	刘迪	女	2000-10-20 00:00:00.000	计算机应用	93893550935	2019-09-01 00:00:00.000	辽宁抚顺	NULL
3	19331103	刘凯	男	1999-05-30 00:00:00.000	计算机应用	98642340245	2019-09-01 00:00:00.000	辽宁鞍山	NULL
4	19331104	王越	男	1999-09-19 00:00:00.000	计算机应用	98641320940	2019-09-01 00:00:00.000	辽宁营口	NULL
5	19331105	李楠	女	2001-03-16 00:00:00.000	计算机应用	98641328449	2019-09-01 00:00:00.000	辽宁锦州	NULL
6	19331106	胡栋	男	1999-07-03 00:00:00.000	计算机应用	98641326996	2019-09-01 00:00:00.000	辽宁沈阳	NULL
7	19331107	李莉	NULL	NULL	计算机应用	98641327126	2019-09-01 00:00:00.000	江苏	NULL
8	18102534	杨超	男	2000-10-01 00:00:00.000	机械设计	93893245623	2018-09-01 00:00:00.000	河北石家庄	NULL
9	19301209	李玲	女	1998-01-01 00:00:00.000	计算机科学与技术	99989996158	2019-09-01 00:00:00.000	辽宁沈阳	NULL
10	19301210	李鑫	NULL	2001-06-05 00:00:00.000	NULL	NULL	NULL	NULL	NULL
11	19331110	张曼	女	2000-05-03 00:00:00.000	NULL	NULL	NULL	NULL	NULL

图 7.12　角色 r1 的查询权限检验

【权限2】将对学生借阅表的查询权限、学生表的修改权限赋予角色 r1。

```
Grant select on st_b to r1
Grant update on student to r1
```

【权限3】将对学生表和教师表的查询权限、教师借阅表的查询权限赋予角色 r2。

```
Grant select on student to r2
Grant select on teacher to r2
Grant select on t_b to r2
```

【权限4】将所有权限都赋予角色 r3。

```
Grant all to r3
```

2）级联授权

读者可以参考下面的例子进行权限的级联赋予。

【举例】将在 Customer 表上的 SELECT 对象权限授予 SalesManager（用户定义的数据库角色），并且 SalesManager 角色的任何成员都有权将 Customer 表上的 SELECT 对象权限授予其他用户。

> GRANT SELECT ON Customer To SalesManager WITH GRANT OPTION

注：如果在把权限授予某个组时使用 WITH GRANT OPTION 子句，那么该组的用户在把此权限授予其他用户、组或角色的时候，必须使用 AS。

> GRANT SELECT ON Customer To Joe AS SalesManager

【权限5】创建一个新的角色 r4，该角色的权限为创建表。同时将创建表的权限赋予管理员用户 g30106。

（1）创建新角色 r4。

> Create role r4

（2）将创建表的权限赋予角色 r4。

> Grant create table to r4
>
> With grant option

（3）将权限赋予用户 g30106。

> Grant create table to g30106 as r4

2. 使用 SQL 语句进行权限回收

如果希望从某个安全主体处收回权限，可以使用 REVOKE 语句。REVOKE 语句是与 GRANT 语句相对应的，可以把通过 GRANT 语句授予给安全主体的权限收回，即使用 REVOKE 语句可以删除通过 GRANT 语句授予给安全主体的权限。

收回权限的 SQL 语句语法如下：

```
REVOKE [GRANT OPTION FOR]
{
 [ALL [PRIVILEGES]]
 | permission [(column [,...n])] [,...n]  }
 [ON [class ::] securable]
{TO | FROM} principal [,...n]  [CASCADE] [AS principal]
```

其中，各参数内容说明如下：

（1）GRANT OPTION FOR：指示将撤销授予指定权限的能力。在使用 CASCADE 参数时，需要具备该功能。

（2）ALL：该选项并不撤销全部可能的权限。撤销 ALL 相当于撤销以下权限：

①如果安全对象是数据库，则 ALL 对应 BACKUP DATABASE、BACKUP LOG、CREATE DATABASE、CREATE DEFAULT、CREATE FUNCTION、CREATE PROCEDURE、CREATE RULE、CREATE TABLE 和 CREATE VIEW。

②如果安全对象是标量函数，则 ALL 对应 EXECUTE 和 REFERENCES。

③如果安全对象是表值函数，则 ALL 对应 DELETE、INSERT、REFERENCES、SELECT 和 UPDATE。

④如果安全对象是存储过程，则 ALL 对应 DELETE、EXECUTE、INSERT、SELECT 和 UPDATE。

⑤如果安全对象是表，则 ALL 对应 DELETE、INSERT、REFERENCES、SELECT 和 UP-DATE。

⑥如果安全对象是视图，则 ALL 对应 DELETE、INSERT、REFERENCES、SELECT 和 UPDATE。

（3）PRIVILEGES：包含此参数已符合 SQL – 92 标准。请不要更改 ALL 的行为。

（4）permission：权限的名称。

（5）column：指定表中将撤销其权限的列的名称。需要使用括号。

（6）class：指定将撤销其权限的安全对象的类。需要范围限定符"::"。

（7）securable：指定将撤销其权限的安全对象。

（8）TO | FROM principal：主体的名称。

（9）CASCADE：指示当前正在撤销的权限也将从其他被该主体授权的主体中撤销。使用 CASCADE 参数时，还必须同时指定 GRANT OPTION FOR 参数。

（10）AS principal：指定一个主体，执行该查询的主体从该主体获得撤销该权限的权利。

【权限 6】回收所有角色 r4 的已授予权限。

Revoke all from r4

【项目小结】

本项目主要讲述了有关 Microsoft SQL Server 2012 这个数据库管理系统的安全性管理的内容。读者应该在学习后理解访问的 3 个层次、登录名、数据库用户和数据库角色之间的关系，熟练掌握权限分配和回收的方法。

【项目任务拓展】

根据一般图书管理业务需求，现规划完成以下安全管理内容：

（1）创建一个有密码和默认数据库的登录账号 newlogin2，并指定密码为"password"，默认数据库为 master。

（2）创建图书管理数据库的一个用户，名称为 sylg，该用户使用登录名 newlogin2。

（3）在"图书管理"数据库中创建一个角色 bkg，将用户 sylg 添加到这个角色中。

（4）使用 Windows 身份验证的系统管理员身份登录，连接数据库引擎，给角色 bkg 分配对"图书"基本信息表的录入、修改、删除的权限，并验证权限分配结果是否正确。

【提示】读者可以查找相关的固定服务器角色和固定数据库角色，然后将用户加入这几种角色中，无形中扩大该用户的权限。

子项目 8

借阅系统的应用程序开发

【子项目背景】

通过前面几个项目的实施，已经可以在数据库管理系统的客户端进行借阅系统的应用，但是有个前提，就是使用的用户需要对 SQL 语言和数据库管理系统操作有一定的掌握，也就是这种使用适合程序设计人员。如果想把项目推广，让不懂数据库技术的用户也可以使用这个系统，就需要想办法建立一个用户和计算机的交互界面，让用户在可视化的环境下使用图书借阅管理系统。

在分析了目前广泛使用的应用程序开发平台的特点后，选择使用微软开发的 Visual Studio 作为界面的开发平台，选择 Microsoft SQL Server 作为数据库管理系统，使用 ADO. NET 数据访问标准，实施借阅系统的应用程序开发。

【任务分析】

为了提供用户与计算机的交互界面，让用户可以方便快捷地使用借阅系统的功能，在这个子项目中最主要的任务就是选择适合的应用程序开发平台，结合前面子项目的功能设计合理的用户操作界面，可以灵活地存取访问系统相关数据。

本子项目任务的完成需要读者理解以下三方面内容：

（1）界面设计，选择在 Microsoft Visual Studio 平台下开发，需要读者具备一定的 C#语言的程序开发能力。

（2）数据库设计，选择在 Microsoft SQL Server 数据库管理系统下开发，需要读者具备一定的使用 SQL 语言调用和维护数据的能力。

（3）数据访问标准，依据前两项内容，使用 ADO. NET 数据访问标准，用来建立连接和数据操作。

具体任务的实施可以参考表 8.1 的内容。

表 8.1　借阅系统的应用程序开发任务

序号	名　称	任　务　内　容	目　标
1	借阅系统界面设计	理解功能与界面设计之间的关系，进行合理化设计	通过界面的设计，让该项目的使用更方便
2	数据访问方法	理解 ADO. NET 的使用方法，实现界面与数据的成功存取	实现界面与数据库之间的连接，实现人机交互

任务 8.1   借阅系统界面设计

【任务目标】

在分析借阅系统的需求后，根据参与者的描述，详细规划了系统功能结构，在此结构的基础上进行了图书借阅管理系统的界面设计。

通过界面设计实现以下目标：

（1）界面清晰易懂，易操作。

（2）不同参与者登录到不同界面实现系统功能。

（3）界面布局合理，可以实现参与者的目标。

【任务实施】

结合系统功能结构设计结果和借阅系统业务流程的操作情况，进行借阅系统界面设计。

在图书借阅管理系统中，主要的参与者有三类用户：学生、教师和管理人员，业务流程如图 8.1 所示。

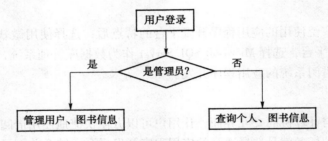

图 8.1   图书借阅管理系统的业务流程

8.1.1 界面设计标准

1. Windows 界面设计原则

（1）易用性。

（2）规范性。

（3）帮助设施。

（4）合理性。

（5）美观与协调性。

（6）菜单。

（7）独特性。

（8）键盘快捷方式。

（9）安全性。

2. 常见 Windows 控件

（1）Label 控件属于文本标签控件，用来显示透明底色而用户无法直接编辑的文字。

（2）TextBox 控件即文本框。显示设计时输入的文本，它可由用户在运行时编辑或以编程方式更改。TextBox 有多种模式，典型的 3 个模式是单行模式、多行模式和密码模式。

Button 控件即按钮控件，用来启动、停止或中断进程。

（3）ComboBox 控件：显示下拉项列表。默认情况下，ComboBox 控件分两部分显示：顶部是一个允许用户键入列表项的文本框，第 2 部分是列表框，它显示用户可以从中进行选择的项的列表。

（4）ListBox 控件即列表控件，显示文本和图形项（图标）的列表，用户可从中选择一项或多项。当 MultiColumn 属性设置为 True 时，列表框以多列形式显示项，类似 Windows 资源管理器中的文件"查看详细信息"视图。

（5）MenuStrip 控件：出现在应用程序界面上方边缘的菜单，通常称为应用程序的主菜单或菜单栏。

8.1.2 部分主要功能界面设计

1. 登录界面设计

（1）分析哪些用户可以登录到系统，在界面设计时可以体现出"用户类型"选择选项。

（2）考虑用户登录需要验证的信息，在界面设计时可以体现出"登录账号"和"登录密码"填写选项。

（3）选择合适的控件来实现。

（4）考虑功能拓展，用户登录的时候是否需要同时添加随机生成的验证码，方便用户后续对系统功能的拓展和完善。

登录界面设计如图8.2所示。

实施过程：登录界面由 4 个 Label 控件、3 个 TextBox 控件、2 个 RadioButton 控件和 1 个 Button 按钮组成。单击"工具箱"窗口上的"所有 Windows 窗体"，打开下拉菜单，可以选中相应控件，通过鼠标双击添加到窗体上后移动位置，或者直接将控件拖拽到窗体指定位置上。其中，4 个 Label 控件的 Text 属性分别设置为用户名、密码、验证码和 label4；2 个 RadioButton 控件的 Text 属性分别设置为管理员和其他，同时将 radionButton1（管理员控件）的 check 属性设置为 True，代表默认选择管理员登录；1 个

图 8.2　登录界面设计

Button 按钮的 Text 属性设置为登录。可以通过编写代码来设置控件的属性，也可以直接使用"属性"窗口来设置，此时设置的任何属性都会作为每次应用程序运行的初始设置。"登录"按钮的 Text 属性设置如图 8.3 所示，其他控件的 Text 属性设置类似，不再给出。

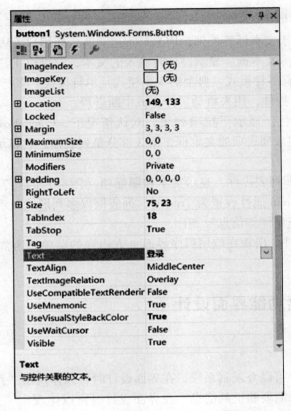

图8.3 "登录"按钮的 Text 属性

需要在初次加载窗体时显示随机验证码。这个功能有两个事件可以触发：一个是窗体的 Load 事件（窗体的默认事件），即用户加载窗体时发生；另一个是窗体类的构造函数，原因是构造函数是在实例化对象时自动调用的。

下面给出窗体的 Load 事件触发完成生成随即验证码功能的代码：

```
private void 登录_Load(object sender, EventArgs e)
{
    Random r = new Random();                         //Random 为随机函数类
    label4.Text = r.Next(1000, 9999).ToString();    //随机生成 1000 ~ 9999 中的数字
}
```

2. 主窗体界面设计

登录成功后，进入主窗体界面。效果如图8.4所示。

主窗体直接引入打开学校的主页，主要通过 ToolStrip 控件来实现。将 Text 属性设置为 "http://www.syyyy.com.cn/"。从工具箱中将一个 WebBrowser 控件拖放到窗体中，WebBrowser 控件将自动添加到窗体的 ToolStrip 控件下方，为 WebBrowser 控件的 Url 属性设置一个初始值，比如输入 "http://www.syyyy.com.cn"，这样 WebBrowser 控件可用时，就出现默认网页。

图 8.4 主窗体设计效果

3. 用户管理界面设计

当选择主窗体的菜单"用户管理"下的子菜单"添加用户"时，会出现相应子窗体。界面设计、运行后效果如图 8.5 所示。

图 8.5 添加用户运行效果

在窗体上添加 8 个 Label、6 个 TextBox、1 个 GroupBox、2 个 RadioButton、4 个 Check-Box、1 个 ComboBox 和 2 个 Button 控件，并修改相应属性。其中，6 个 TextBox 控件的 Name 属性分别设置为 txtuid、txtname、txtiid、txtdepartment、txtphone 和 txtqq；2 个 RadioButton 控件的 Name 属性分别设置为 rbt男和 rbt女；4 个 CheckBox 控件的 Name 属性分别设置为 cb看书、cb写字、cb唱歌和 cb跳舞；2 个 Button 控件的 Name 属性分别设置为 btn添加和 btn

批量导入。

4. 图书分类界面设计

当选择主窗体的菜单"书籍管理"下的子菜单"图书分类"时，会出现相应子窗体。界面设计、运行后效果如图 8.6 所示。

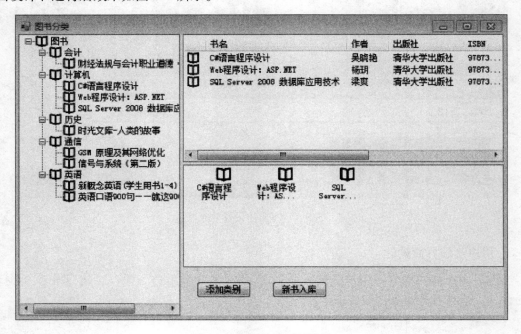

图 8.6　图书分类运行效果

图书分类子窗体从左到右、从上到下主要包含四部分内容：左侧包含所有分类，各类中包含所有图书；当点击任意一个分类时，会在窗体右侧上方以列表形式显示该分类下的所有图书的详细信息；同时，会在窗体右侧中间部分以小图标的形式显示该分类下的所有图书名；窗体右侧下方包含两个 Button 按钮，分别用来调用子窗体"添加类别"和"新书入库"。

5. 新书入库界面设计

如果要添加新的书籍，需要在"图书分类"界面中，先选择左侧 TreeView 控件中某项分类（比如选择"计算机"），并单击"新书入库"按钮，然后会弹出"新书入库"对话框，在 UI 层添加第 6 个窗体——新书入库，如图 8.7 所示。

新书入库界面由 9 个 Lable、8 个 TextBox、1 个 dateTimePicker 和 1 个 Button 控件组成。需要把 8 个 TextBox 的 Name 属性分别设置为 txtclass、txtname、txtauthor、txtpub、txtisbn、txtcount、txtprice 和 txtpagecount。其中，txtclass 文本框中的值是通过用户在"图书分类"界面中选择的值自动获取的（即之前所选择的"计算机"），需要将 ReadOnly 属性设置为 True（默认为 False）。

当添加新书籍时，需要在除了图书分类的其余 7 个文本框中输入相应信息，并选择出版时间，单击窗体下方的"提交"按钮，实现增加新书功能。

图 8.7 新书入库界面设计

6. 借阅界面设计

当选择主菜单"书籍管理"下的子菜单"图书借阅""图书归还"时，会出现相应子窗体。界面设计、运行后的效果如图 8.8 和图 8.9 所示。

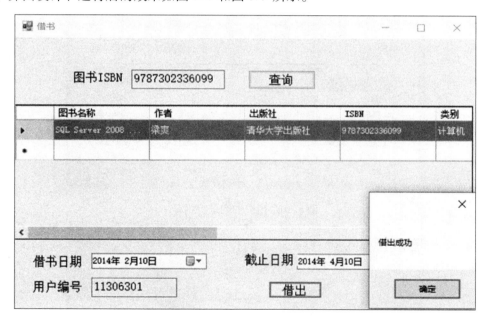

图 8.8 借书

图 8.9 还书

借书界面可以分成上、下两部分，上方是复合控件（在此项目中需要先添加引用），通过图书 ISBN 查询图书信息，下方由 2 个 dateTimePicker、1 个 Label、1 个 TextBox 和 1 个 Button 控件组成，修改 TextBox 和 Button 控件的 Name 属性分别为：txtuserid 和 btn 借书。通过输入完整的图书 ISBN 号（不输入直接单击"查询"按钮，可查看所有图书信息），可以查询出相应书籍信息；并在 dataGridView 控件中显示出查询结果，单击相应书所在行前方的三角按钮，并输入要借书的用户编号，借书日期自动加载为当前系统时间，截止日期自动在借书日期基础上加两个月时间，单击"借出"按钮，就可以完成借书功能。

图书归还界面由 3 个 Label、2 个 TextBox（上方的用于输入用户编号的文本框的 Name 属性修改为 txtuserid，下方的用于输入图书 ISBN 号的文本框是 7.5.2 节的扩展控件，同样需要先添加引用）、1 个 dateTimePicker、1 个 Button 控件（Name 属性修改为"btn 还书"）和 1 个 ErrorProvider 控件组成。

7. 查询功能

当选择主菜单"用户管理"下的子菜单"用户查询"和"书籍管理"下的"图书查询"时，会出现相应子窗体。界面设计、运行后效果如图 8.10 和图 8.11 所示。

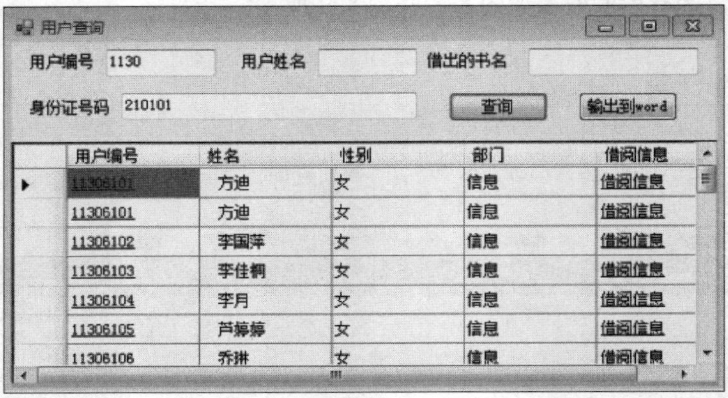

图 8.10　用户查询运行结果

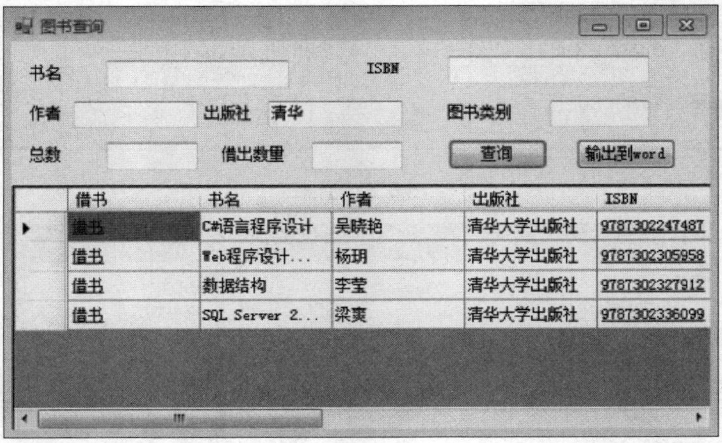

图 8.11　图书查询运行结果

查询功能几乎是每个系统中必不可少的功能，本项目中的查询功能主要包括用户查询和图书查询，采用三层架构中的功能进行调用。在查询过程中，如果不输入任何数据，则可以查询出数据库中所有的数据，也可以输入某一项或某几项数据进行模糊查询。查询出的数据还可以输出到 Word 文档中，方便用户使用。

任务 8.2 数据访问方法

【任务目标】

能在任务 8.1 中设计的界面调用数据库中的数据，进行数据的录入、查询、修改。

【任务实施】

了解 ADO. NET 的含义、使用方法后，设计合理数据访问接口、连接字符串，进行数据访问，进而能够进行用户对数据的各类操作。

8.2.1 ADO. NET 对象模型

ADO. NET 不是 Microsoft ActiveX Data Objects（ADO）的修订版本，而是一种基于无连接数据和 XML 的新型数据操作方式。虽然 ADO 是一种重要的数据访问工具，但它默认是连接的，需要依靠 OLE DB 提供程序来访问数据，而且它是完全基于组件对象模型（Component Object Model，COM）的。

ADO. NET 已经被设计成支持断开式数据集。断开式数据集可以减少网络流量。

ADO. NET 使用 XML 作为通用传输格式。只要接收组件在能提供 XML 解析器的平台上运行，就能够保证数据的互操作性。当以 XML 格式传输时，不再要求接收者必须是 COM 对象，对接收组件也没有任何结构上的限制。软件组件只要使用相同的 XML 架构进行数据传输，它就可以共享 ADO. NET 数据。

ADO. NET 数据提供程序是数据库的访问接口，负责建立连接和数据操作。它作为 DataSet 对象与数据源之间的桥梁，负责将数据源中的数据取出后置入 DataSet 对象中，或将数据存回数据源。ADO. NET 数据提供程序包含了 Connection（创建到数据源的连接）、Command（对数据源执行 SQL 命令并返回结果）、DataReader（读取数据源的数据）和 DataAdapter 对象（对数据源执行 SQL 命令并返回结果）、DataSet（可包含 1 个或多个数据表，表数据可来自数据库、文件或 XML 数据）。ADO. NET 对象模型如图 8.12 所示。

8.2.2 使用命名空间

命名空间是对象的逻辑组合，使用命名空间主要是为了防止程序集中的名称的冲突，并且可以通过命名空间的分组更容易地定位到对象。和 . NET Framework 一样，ADO. NET 也使用逻辑命名空间，ADO. NET 主要是在 System. Data 命名空间层次结构中实现，该层次结构在物理上存在于 System. Data. dll 程序集文件中。

（1）System. Data：ADO. NET 的核心，包括的类用于组成 ADO. NET 结构的无连接部分，如 DataSet 类。

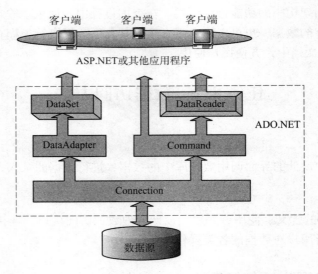

图 8.12　ADO. NET 对象模型

（2）System. Data. Common：由 ADO. NET 数据提供程序继承并实现的实用工具类和接口。

（3）System. Data. SqlClient：SQL SERVER. NET 数据提供程序。

（4）System. Data. OleDb：OLE DB. NET 数据提供程序。

当在程序中用到命名空间下面的类时，首先必须在程序中引入相关命名空间，这样该类才能够正常使用。

8.2.3　连接数据库

操作数据库的第一步是建立与数据库的连接。根据使用的数据库不同，分别使用 Sql-Connection 和 OledbConnection 类对象建立与数据库的连接。SqlConnection 和 OledbConnection 对象仅在适用的数据源方面不同，前者为 SQL Server 数据库，后者为 OLE DB 数据源。属性和方法基本相同，因此把它们统称为 Connection 对象。

Connection 对象的常用属性和方法分别列于表 8.2 和表 8.3 中。

表 8.2　Connection 对象的常用属性

属性	说　　明
ConnectionString	取得或者设置连接字符串
ConnectionTimeout	获得 Connection 对象的超时时间，单位为 s，为 0 表示不限制。即若在这个时间内 Connection 对象无法连接数据源，则返回，失败
Database	获取当前数据库名称，默认为 Nothing
DataSource	获取数据源的完整路径及文件名，若是 SQL Server 数据库则获取所连接的 SQL Server 服务器名称
PacketSize	获取与 SQL Server 通信的网络数据包的大小，单位为字节，默认为 8192. 此属性只有 SQL Server 数据库才可使用

续表

属性	说　明
Provider	获取 OLE DB 提供程序的名称。此属性只有 OLE DB 数据源才可使用
Server Version	获取数据库驱动程序的版本
State	获取数据库的连接状态，返回 1 表示联机，0 表示关闭
WorkstationID	获取数据库客户端标识。默认为客户端计算机名。此属性只适用于 SQL Server 数据库

表 8.3　Connection 对象的常用方法

方法	说　明
Open( )	打开与数据库的连接。注意 ConnectionString 属性只对连接属性进行了设置，并不打开与数据库的连接，必须使用 Open( ) 方法打开连接
Close( )	关闭数据库连接
ChangeDatabase( )	在打开连接的状态下，更改当前数据库
CreateCommand( )	创建并返回与 Connection 对象有关的 Command 对象
Dispose( )	调用 Close( ) 方法关闭与数据库的连接，并释放所占用的系统资源

Connection 对象的 ConnectionString 属性用于获取或设置与数据库的连接字符串。对于 SQL Server 数据库，ConnectionString 属性包含的主要参数有如下几种：

（1）DataSource（Server）：设置需连接的数据库服务器名。

（2）Initial Catalog（Database）：设置连接的数据库名称。

（3）Integrated Security：服务器的安全性设置，是否使用信任连接。其值有 true、false 和 SSPI 三种。true 和 SSPI 都表示使用信任连接。

（4）Workstation ID：数据库客户端标识。默认为客户端计算机名。

（5）Packet Size：获取与 SQL Server 通信的网络数据包的大小，单位为字节，有效值为 512 ~ 32 767，默认值为 8 192.

（6）UserID（UID）：登录 SQL Server 的账号。

（7）Password（Pwd）：登录 SQL Server 的密码。

1. 使用 SQLConnection 连接图书借阅数据库

当与 SQL Server 7.0 及以后的版本的 SQL Server 数据库进行连接时，需要使用 SqlConnection 类建立到数据库的连接。

要访问本机 Microsoft SQL Server 2008/2012 中的数据库 student，采用 Windows 登录方式。

首先在程序中引用命名空间 using System. Data. SqlClient；

```
SqlConnection conn = new SqlConnection( );
conn. ConnectionString = "data source = (local);initial catalog = bookmanager; integrated security = true;";
conn. Open( );
Response. Write("打开连接!");
conn. Close( );
Response. Write("关闭连接!");
```

其中 Open 和 Close 为连接类的方法，分别表示打开到数据库的连接及关闭到数据库的连接。若想采用混合模式登录，则只需更改连接字符串的属性为 conn. ConnectionString = " data source = (local)；initial catalog = bookmanager；uid = sa；pwd = sa;"。

2. 使用 OledbConnection 连接借阅系统数据库

在创建 OledbConnection 类时，必须提供的一个连接字符串的关键字为 Provider，代表含义是用于提供连接驱动程序的名称，针对不同的数据源，Provider 的取值不同。

当与 SQL Server 6.5 及以前的版本连接时，Provider 的值为 SQLOLEDB，当与 Oracle 数据源连接时，值为 MSDAORA，与 Access 数据库连接时，值为 Microsoft. Jet. OLEDB. 4.0。

下面以与 Access 数据库连接为例，简单介绍 OledbConnection 的使用，其中 Access 的文件存放于 D：\aaa. mdb。

首先在程序中引用命名空间 using System. Data. OleDb；

```
OleDbConnection conn = new OleDbConnection( );
conn. ConnectionString = " provider = Microsoft. Jet. OLEDB. 4.0; " +
                          " data source = D:\\aaa. mdb; ";
conn. Open( );
Response. Write("打开连接!");
conn. Close( );
Response. Write("关闭连接!");
```

8.2.4　连接环境下对借阅系统数据库的操作

连接环境是指在与数据库操作的整个过程中，一直保持与数据库的连接状态不断开。其特点在于处理数据速度快、没有延迟、无需考虑由于数据不一致而导致的冲突等方面的问题。连接环境下使用最多的是命令对象（Command）。

使用 Connection 对象与数据源创建连接之后，就可以使用 Command 对象对数据源进行插入、修改、删除及查询等操作，在执行命令时，可以是 SQL 语句，也可以是存储过程，可返回 DataReader 对象，或执行对数据表的更新操作。

【项目练习】删除学生表中学号为"19331101"的学生的信息。程序中的连接对象为 CN，并且已经设置好其连接字符串属性。

```
SqlCommand cmd = new SqlCommand
                    ("delete from student where sno = '19331101'cn);
cn. Open( );
cmd. ExecuteNonQuery( );
cn. Close( );
```

其他执行对数据库的操作与此例类似，如建表、插入、修改，只需修改相应的 SQL 语句即可。

【项目练习】显示所有学生的基本信息。

```
SqlConnection cn = new SqlConnection( );
cn. ConnectionString = "data source = . ;initial catalog = bookmanager; integrated security = true;";
    SqlCommand cmd = new SqlCommand("select * from student", cn);
    cn. Open( );
    SqlDataReader dr = cmd. ExecuteReader( );
    GridView1. DataSource = dr;
    GridView1. DataBind( );
    dr. Close( );
    cn. Close( );
```

以上内容显示在 GridView 控件上。

【项目练习】向学生表中录入一个学生的记录，该记录包括学生的学号、姓名和性别。记录值分别从文本框中获得。

向 student 表中录入记录的存储过程如下：

```
CREATE PROCEDURE dbo. InsertStudent
    (  @ stu_id char(10),
       @ name char(20),
       @ sex char(4)
    )
AS
INSERT INTO student(stu_id, name, sex) values(@ sno, @ name, @ sex)
```

"录入"按钮的代码如下：

```
protected void Button1_Click(object sender, EventArgs e)
{   SqlConnection cn = new SqlConnection( );
    cn. ConnectionString = "data source = . ;initial catalog = bookmanager;integrated security = true;";
    SqlCommand cmd = new SqlCommand("InsertStudent", cn);
    cmd. CommandType = CommandType. StoredProcedure;
    SqlParameter p1 = new SqlParameter( );
    p1. ParameterName = "@ sno";
    p1. SqlDbType = SqlDbType. Char;
    p1. Size = 10;
    p1. Direction = ParameterDirection. Input;
    p1. Value = txtID. Text;
    cmd. Parameters. Add(p1);
    SqlParameter p2 = new SqlParameter("@ name", SqlDbType. Char, 20);
    p2. Value = txtName. Text;
    cmd. Parameters. Add(p2);
    SqlParameter p3 = new SqlParameter("@ sex", SqlDbType. Char, 4);
    p3. Value = txtSex. Text;
    cmd. Parameters. Add(p3);
    cn. Open( );
    cmd. ExecuteNonQuery( );
    cn. Close( );
}
```

这里需要注意的有：

（1）如果命令执行的是一个存储过程，则必须设置 cmd. CommandType = CommandType. StoredProcedure。

（2）在执行存储过程时，如果存储过程中有参数，则必须在 Command 对象的 Parameters 集合中加入该参数对象。

8.2.5 非连接环境下对借阅系统数据库的操作

非连接环境是指在执行对数据库的操作过程中与数据库保持连接，其他时间可以断开到数据库的连接，即需要时连接，不需要时断开，这样可以节省资源。非连接环境中，最常用的对象为 DataSet（数据集）对象。DataSet 是用于断开式数据存储的所有数据结构的集合，它是数据在本地内存的一个缓存，数据集中包含数据表、数据行、数据列、关系、约束等。

1. DataAdapter 对象

DataAdapter 对象用来传递各种 SQL 命令，并将命令执行结果填入 DataSet 对象，并且 DataAdapter 对象还可将数据集（DataSet）对象更改过的数据写回数据源。它是数据库与 DataSet 对象之间沟通的桥梁。通过数据集访问数据库是 ADO. NET 对象模型的主要方式。

DataAdapter 对象的常用属性和方法分别列于表 8.4 和表 8.5。

表 8.4　DataAdapter 对象的常用属性

属性	说　明
ContinueUpdateOnError	获取或设置当执行 Update( )方法更新数据源发生错误时是否继续。默认为 False
DeleteCommand	获取或设置删除数据源中的数据行的 SQL 命令。该值为 Command 对象
InsertCommand	获取或设置插入数据源中的数据行的 SQL 命令。该值为 Command 对象
SelectCommand	获取或设置查询数据源的 SQL 命令。该值为 Command 对象
UpdateCommand	获取或设置更新数据源中的数据行的 SQL 命令。该值为 Command 对象

表 8.5　DataAdapter 对象的常用方法

方法	说　明
Fill（dataset，srcTable）	将数据集的 SelectCommand 属性指定的 SQL 命令执行后所选取的数据行置入参数 dataset 指定的 DataSet 对象
Update（dataset，srcTable）	调用 InsertCommand，UpdateCommand 或 DeleteCommand 属性指定的 SQL 命令，将 DataSet 对象更新到相应的数据源。参数 dataset 指定要更新到数据源的 DataSet 对象。srcTable 参数为数据表对应的来源数据表名。该方法的返回值为影响的行数

使用 DataAdapter 可以执行多个 SQL 命令。但注意，在执行 DataAdapter 对象的 Update( ) 方法之前，所操作的都是数据集（即内存数据库）中的数据，只有执行了 Update( )方法后，才会对物理数据库进行更新。使用 DataAdapter 对象对数据进行更新操作分为 3 个步骤：

（1）创建 DataAdapter 对象设置 UpdateCommnad 属性。

（2）指定更新操作。

（3）调用 Update( )方法执行更新。

DataAdapter 对象的 InsertCommand、UpdateCommand 和 DeleteCommand 属性是对数据进行相应更新操作的模板。当调用 Update( )方法时，DataAdapter 将根据需要的更新操作去查找相应属性（即操作模板），若找不到，则会产生错误。例如，若要对数据进行插入操作，但没有设置 InsertCommand 属性，就会产生错误。

2．DataSet

DataSet 对象是 ADO. NET 的主角，它是一个内存数据库。DataSet 中可以包含多个数据表，可在程序中动态地产生数据表。数据表可来自数据库、文件或 XML 数据。DataSet 对象还包括主键、外键和约束等信息。DataSet 提供方法对数据集中的表数据进行浏览、编辑、排序、过滤和建立视图。

DataSet 对象包括 3 个集合：DataTableCollection（数据表的集合，包括多个 DataTable 对象）、DataRowCollection（行集合，包含多个 DataRow 对象）和 DataColumnCollection（列集合，包含多个 DataColumn 对象）

DataSet 对象的常用属性和方法列于表 8.6。

表 8.6　DataSet 对象的常用属性和方法

属性	说　明
CaseSensitive	获取或设置在 DataTable 对象中字符串比较时是否区分字母的大小写。默认为 False
DataSetName	获取或设置 DataSet 对象的名称
EnforceConstraints	获取或设置执行数据更新操作时是否遵循约束。默认为 True
HasErrors	DataSet 对象内的数据表是否存在错误行
Tables	获取数据集的数据表集合（DataTableCollection）。DataSet 对象的所有 DataTable 对象都属于 DataTableCollection

DataSet 对象最常用的属性是 Tables，通过该属性，可以获得或设置数据表行、列的值。例如，表达式 DS. Tables("student"). Rows(i). Item(j)表示访问 student 表的第 i 行第 j 列。

【项目练习】显示所有学生的信息。

```
protected void Button1_Click(object sender, EventArgs e)
{
    SqlConnection cn = new SqlConnection( );
    cn. ConnectionString = "data source = . ;initial catalog = bookmanager;uid = sa;pwd = sql2005;";
    SqlDataAdapter da = new SqlDataAdapter( "select sno,name,sex,addr from student", cn);
    DataSet ds = new DataSet( );
    da. Fill(ds);
    GridView1. DataSource = ds;
    GridView1. DataBind( );
}
```

结果显示到 GridView 控件上。

【项目练习】录入一条学生记录，包括学号、姓名、性别和地址。

```
protected void Button1_Click(object sender, EventArgs e)
{
    SqlConnection cn = new SqlConnection();
    cn. ConnectionString = "data source = . ; initial catalog = bookmanager; uid = sa; pwd = sql2005;";
    SqlDataAdapter da = new SqlDataAdapter("select sno, name, sex, addr from student", cn);
    DataSet ds = new DataSet();
    SqlCommandBuilder cb = new SqlCommandBuilder(da);
    da. Fill(ds, "student");
    DataRow dr = ds. Tables["student"]. NewRow();//向数据集的表中添加一个新行
    dr["sno "] = txtID. Text;
    dr["name"] = txtName. Text;
    dr["sex"] = txtSex. Text;
    dr["addr"] = txtAddr. Text;
    ds. Tables["student"]. Rows. Add(dr);
    da. Update(ds, "student");
}
```

本小节列出了部分练习功能的实现方法，读者可以参考以上内容完成系统其他功能的实施。

【项目小结】

本次项目任务主要是真正实施图书借阅管理系统，提供可操作的简洁的界面给不同的用户群体。从系统的参与者分析入手，结合不同类型参与者使用的功能进行界面设计（同时给出每个界面功能有待拓展的内容，读者可以自行参考设计实施），在选择的程序设计环境中进行界面设计的实施和系统功能的详细设计与实现，从而完成图书借阅管理系统的设计。

【项目任务拓展】

使用图书管理数据库的内容，具体分析图书管理的业务流程，根据系统参与者的不同，分析出每个参与者使用的系统功能，合理规划出每个功能的流程及各个功能之间的时序，完成面向对象的数据库应用系统的开发。

（1）设计合理，操作界面方便实用。

（2）进行系统功能设计，实现代码调试。

（3）针对功能点进行数据测试（请仔细查看软件测试的内容）。

参 考 文 献

［1］梁爽，田丹．数据库应用技术［M］.北京：清华大学出版社，2011.

［2］梁爽．SQL Server 2008 数据库应用技术（项目教学版）［M］.北京：清华大学出版社，2013.

［3］王珊，萨师煊．数据库系统概论［M］.5 版．北京：高等教育出版社，2014.

［4］刘金岭，冯万利，张有东．数据库原理及应用［M］.北京：清华大学出版社，2017.

［5］［美］安东尼·莫利纳罗.SQL 经典实例［M］.刘春辉译．北京：人民邮电出版社，2018.

［6］［美］安东尼·莫利纳罗.SQL Server 2008 实战［M］.刘春辉，译．北京：人民邮电出版社，2010.

［7］秦婧，石叶平．精通 C#与 .NET 4.0 数据库开发［M］.北京：清华大学出版社，2011.